JN043324

有限の中の無限

素数がつくる有限体のふしぎ

西来路文朗
清水健一　著

ブルーバックス

装幀／芦澤泰偉・児崎雅淑
ミニチュアコラージュ製作・撮影／水島ひね
本文デザイン／鈴木知哉＋あざみ野図案室

プロローグ

　数の世界に興味をもっているプリムとツァールが，森を抜けたところにある，お気に入りの原っぱでカレンダーを広げています。

日	月	火	水	木	金	土
1	2	3	4	5	6	7
8	9	10	11	12	13	14
15	16	17	18	19	20	21
22	23	24	25	26	27	28
29	30					

「ねえ，ツァール，今日は何日？」
「13 日。13 は素数だ！」
「そうだね。じゃあ，カレンダーの中の数で素数はいくつ？」
「2, 3, 5, ・・・, 29。ぜんぶで 10 個ある」
「正解」
「ねえ，プリム，2 乗の数はいくつ？」
「2 乗の数は平方数だね。1, 4, 9, 16, 25 の 5 個だ。では，3 乗の数はいくつ？」
「3 乗の数はなんていうの？」
「立方数だよ」
「立方数か。1, 8, 27 で 3 個あるね」
「正解」
　ツァールはカレンダーに書きました。

2 乗の数は平方数，3 乗の数は立方数

こんどはプリムが，カレンダーに正方形を書きました。

5	6	7
12	13	14
19	20	21

「ぜんぶ足すといくつになる？」

「5 ＋ 6 ＋ 7 ＋ 12 ＋ 13 ＋ 14 ＋ 19 ＋ 20 ＋ 21 ＝ 117」

「まん中の数の 9 倍は？」

「9 × 13 ＝ 117 だ。同じになった！　他の正方形でも同じことが起こるの？」

「そうだよ」

　ツァールはいろいろな正方形を描いて，この法則を確かめています。

「わあ，すごい」

　ツァールはカレンダーに書きました。

9 個の数の和がまん中の数の 9 倍になる

「どうしてこんなことが起こるの？」

「カレンダーの数の法則があるんだ」

「数の法則？」

　プリムは，カレンダーにコインを置いて，説明を始めます。

「カレンダーでは，コインを右に 1 つ動かすと数字が 1 ずつ増える」

「うん」

「そして，コインを下に動かすと数字が 7 ずつ増える」

「7, 14, 21, 28。本当だ。土曜日は7の倍数だ」

　そう言うと，ツァールは土曜日の隣の金曜日を見ました。

「あれっ，今日は13日の金曜日だ。特別な日だね」

「そんなことはないよ」

「どうして？」

「だって，13日の金曜日は毎年やってくるんだから」

「本当？」

　プリムはカレンダーに書きました。

13日の金曜日は毎年やってくる

　そのときです。強い風が吹いて，カレンダーが飛ばされてしまいました。コインもキラキラ光りながら，原っぱの向こうに飛んでいきます。

「大変だ！」

　ツァールは夢中でカレンダーを追いかけていきました。プリムはコインを拾って，ツァールを追いかけていきます。

　カレンダーはひらひらと飛んでいます。ふたりは追いつけません。そのうち，カレンダーが見たこともない門に吸い込まれていきました。

「あれっ!? 館が建っている」

　門の向こうに，たくさんの館が見えます。ツァールは首をかしげています。

「いつの間に建てられたんだろう？」

「わからない。とにかく調べてみよう」

　プリムは言いました。

　ふたりは門をくぐりました。門には，「素数がつくる有限体のふしぎ」と書かれています。

まず，いちばん最初にある館の前に立つと，「$\mathbb{F}_2$ の館」と書かれていました。さらに

$$\text{この館では } 1 + 1 = 0 \text{ とする}$$

と書かれていました。

「間違ってる！」

とふたりは思いました。$1 + 1 = 2$ と決まっているので，こんなおかしな館に入ることはできません。ふたりは，すぐ隣にあった「$\mathbb{F}_3$ の館」と書かれている館の前に行きました。

$$\text{この館では } 1 + 2 = 0 \text{ とする}$$

と書かれていました。

「$1 + 2$ は 3 じゃないか。やっぱりヘンだ」

　ふたりはまた，その館の前から立ち去りました。その隣の館には「$\mathbb{F}_4$ の館」と書かれていました。またもや

$$\text{この館では } 1 + 1 = 0 \text{ とする}$$

と書かれています。続きに何か書いてあるのですが，読むことができません。

「どうしてしまったんだろう……？」

　さらに注意して見ると，「$\mathbb{F}_5$ の館」「$\mathbb{F}_7$ の館」が並んでいます。ふたりはいったい，どんなふしぎの国に迷い込んでしまったのでしょうか……？

　ふたりは勇気を出して，「$\mathbb{F}_3$ の館」と書かれている館に入りました。館に入って見渡すと，式がいっぱい並んでいます。しかし，この館には $0, 1, 2$ の 3 つの数しか見当たりません。

「大変だ！　3以上の数がない！」

　ツァールは叫びます。ツァールが叫ぶのを聞いて，プリムは「この館では $1+2=0$ とする」と書かれていたことを思い出しました。よく見ると，$1+2=0$ 以外に，$2+2=1$ のような式も書かれています。

「$1+2$ は3，$2+2$ は4に決まっているじゃないか！」

　ツァールは語気を強めて言います。隣でプリムは，考え込んでしまいました。

「なぜ $1+2$ が3なのだろう……？」

　この $\mathbb{F}_3$ の館にはまだまだ多くの説明が書かれています。ふたりは，とにかくこれらの説明を読んでいくことにしました。そして，プリムとツァールはこのあと驚くべき体験をしていくことになるのです。

はじめに

　筆者たちはこれまで，ブルーバックスとして『素数が奏でる物語』『素数はめぐる』の2冊を著し，素数の奥深さを紹介してきました。素数とは，1と自分自身以外に約数をもたない1以外の自然数です。

　『素数が奏でる物語』では，$4n+1$ と $4n+3$ という2つの形の素数の個性を紹介しました。『素数はめぐる』では，素数の逆数がつくる循環小数の性質を紹介しました。

　素数シリーズの3冊目である本書『有限の中の無限』は $1+1=0$ の世界など，「素数がつくる有限体のふしぎ」を紹介します。「有限体」は，四則演算が定められた有限個の数の世界で，ガロア体ともよばれています。

　「有限体」は，ふつうの数の世界の箱庭のような存在です。

　　　有限個の数の世界の中に無限に数学が広がっている

ことを知っていただきたいと思っています。

　数学には常識を超えた世界があります。

　たとえば，幾何学では「直線上にない1点を通ってその直線に平行な直線は1本存在する」という性質は自明のものとみなされてきました。この性質をもとにして，三角形の内角の和が180°であるという定理など，私たちが中学，高校で習ってきた幾何学が展開します。

　しかし，19世紀になって，この平行線の性質を否定しても別の幾何学がつくられることが明らかになりました。つまり，ある直線に対して，その直線上にない1点を通る平行

な直線が 1 本もない幾何学，平行な直線が無数にある幾何学が存在します。

数論でも，このような常識を超えた世界があります。

たとえば，$1 + 1 = 0$ となる数の世界です。私たちが慣れ親しんでいるふつうの数の世界では，1 を繰り返し足していくと，$2, 3, 4, \cdots$ と新しい数がどんどん生まれていきます。しかし，$1 + 1 = 0$ の世界は，0 と 1 だけの 2 個の数の世界で，素数 2 によってつくりだされます。

このような数の世界は素数ごとに広がっています。たとえば，素数 3 は $1 + 2 = 0$ の世界をつくりだします。本書では，素数がつくりだすこのような数の世界を紹介します。

本書は，第 1 章～第 7 章の第 1 部と，第 8 章～第 10 章の第 2 部の，2 部構成をとっています。

まず，第 1 章と第 2 章では，有限個の数の世界に四則演算を定めて，ふつうの数と同じような数の世界がつくられることを述べます。

第 3 章から第 6 章までは，有限個の数の世界における幾何学，数論，代数学の話題を紹介します。ふつうの数の世界とは異なる新しい世界を楽しんでください。

第 7 章は，有限個の数の世界の別の見方を紹介します。合同式から眺める興味深い話題をとりあげます。なお，この章は他の章と独立に読むことができます。

第 8 章と第 9 章は，有限個の数の世界をさらに広げた数の世界を考えます。この世界から眺めることで，いろいろな現象の見通しがよくなります。その景色を鑑賞してください。

最後の第 10 章は，現代の数論で非常に重要な位置を占める楕円曲線を有限個の数の世界で考えます。そこではとて

も興味深い数学が展開します。「谷山・志村予想」という夢見るような世界が，有限個の数の世界の彼方に存在します。

　有限個の数の世界の中に，神秘に満ちた数学が無限に広がっていることを読者のみなさんに知っていただければ幸いです。

　最後になりましたが，有限体の解説書をブルーバックスから出版してくださった編集部のみなさんをはじめ，多くのアドバイスをしてくださり，読みやすい本になるよう尽力くださった倉田卓史氏に厚くお礼申し上げます。

有限の中の無限
もくじ

プロローグ 3

はじめに 8

第1部 1+1=0の世界
── 素数のふしぎなはたらき 17

第1章 ふしぎな国のふしぎな計算 18

1 1 0, 1, 2の世界（足し算の話） 19

1 2 0, 1, 2の世界（かけ算の話） 29

1 3 1+1=0の世界 35

第2章 四則演算からの風景 40

2/1 数直線から数「曲」線へ 41

2/2 素数のはたらき 47

2/3 フェルマーの小定理 50

2/4 ウィルソンの定理 54

2/5 0, 1, 2, 3の世界 58

第3章 0と1の幾何学 64

3/1 時間割作成の問題 65

3/2 0, 1の世界の平面幾何 67

3/3 0, 1, 2の世界の平面幾何 73

3/4 オイラー方陣 79

3/5 ブロックデザイン 81

第4章 美しい平方数の世界 ······ 87

4／1 平方数 ······ 88

4／2 オイラーの規準 ······ 93

4／3 平方剰余の相互法則の第1補充法則 ······ 99

4／4 ガウスの補題 ······ 104

4／5 平方剰余の相互法則の第2補充法則 ······ 110

第5章 方程式からの眺望 ······ 116

5／1 $\mathbb{F}_p$係数の多項式 ······ 117

5／2 多項式の因数分解 ······ 119

5／3 方程式の解の個数 ······ 122

5／4 $x^{p-1}-1$の因数分解の威力 ······ 125

第6章 平方数を超えて ⸺ 131

6／1 a^n のふしぎ（行の話） ⸺ 132

6／2 a^n のふしぎ（列の話） ⸺ 139

6／3 離散対数 ⸺ 142

6／4 2137個の数の世界 ⸺ 144

第7章 「有限個の数の世界」と「ふつうの数の世界」 ⸺ 147

7／1 13日は何曜日? ⸺ 148

7／2 ガウスの慧眼 ⸺ 151

7／3 ISBNのひみつ ⸺ 158

7／4 「フェルマーの小定理」再訪 ⸺ 165

7／5 平方剰余の相互法則 ⸺ 167

第2部 ガロアが創った新しい世界 ····· 173
—— 数の進化を考える

第8章 ガロアの虚数 ····· 174

(8)(1) 数学者 ガロア ····· 175

(8)(2) 4つの数の世界 ····· 177

(8)(3) 数の進化 ····· 183

(8)(4) $\mathbb{F}_2$, $\mathbb{F}_3$の進化 ····· 186

第9章 p乗の魔法 ····· 193

(9)(1) $\mathbb{F}_p$の数の平方根 ····· 194

(9)(2) 数の進化とフェルマーの小定理 ····· 198

(9)(3) -3は平方数か ····· 203

9／4 $\mathbb{F}_p$ 係数の既約2次式 ····· 205

9／5 ガロア理論入門 ····· 208

9／6 ガロアと有限体 ····· 210

第10章 有限体上の楕円曲線 ····· 212

10／1 楕円曲線 ····· 213

10／2 $y^2 = x^3 - x$ の有理点の法則① ····· 216

10／3 $y^2 = x^3 - x$ の有理点の法則② ····· 219

10／4 2次式の素数値 ····· 223

10／5 谷山・志村予想 ····· 226

エピローグ ····· 231

参考図書 ····· 233

さくいん ····· 235

第1部

1+1=0の世界
—— 素数のふしぎなはたらき

「なぜ，1＋2は3なのだろう」

　プリムは考え込んでいます。

「どうしたの？」

　ツァールが話しかけます。プリムはツァールのほうを向いて，

「大丈夫」

とうなずきます。そして，テーブルの上にあった紙に数字を1列に書き始めました。

　　　0，1，2，3，4，5，6，7，8，9

　1と書かれた位置にコインを1つ置いて，こう言いました。

「たとえば，1に1を足すということは，このコインを1つ右に移動すると考えればいい。するとコインは2の位置に来る。これが，1＋1＝2の意味ではないだろうか」

　これを聞いたツァールも，

「なるほど。すると，1に2を足すということは，1の位置にあるコインを2つ右に移動することになって，コインは3の位置に来る。これが1＋2＝3ということかな？」

と言いました。

　ふたりは足し算の意味を理解し始めたようです。

　プリムはつぶやきます。

「1の右隣に2と書いてあるから，1＋1＝2となる，その右に3と書いてあるから2＋1＝3となる」

「どういうこと？」

「つまり，1＋1は2になるのではなくて，1＋1を2とよんでいるだけなんだよ！」

「なるほど。じゃあ，1＋2＝0は，1の位置にあるコインを2つ右に移動すると，0のところに来るということ？」

「たぶん……。でも，2の右に0を書くとどうなるんだろう？」

∞1∞ 0, 1, 2の世界（足し算の話）

　この節では，数が0, 1, 2の3つしかない数の世界の演算を考えます。こんな小さな数の世界の中でも，四則演算を定めることができるのです。どのようにできるのかを見てみましょう。

　まず，0, 1, 2の3つの数について，ふつうの整数の足し算を表にすると，次のようになります。

+	0	1	2
0	0	1	2
1	1	2	3
2	2	3	4

　表において，横の数の並び

$$0 \mid 0 \quad 1 \quad 2$$

$$1 \mid 1 \quad 2 \quad 3$$

$$2 \mid 2 \quad 3 \quad 4$$

を**行**といい，それぞれ，0の行，1の行，2の行とよびましょう。同じように，縦の数の並び

0	1	2
0	1	2
1	2	3
2	3	4

を**列**といい，それぞれ，0の列，1の列，2の列とよびます。この表において，たとえば，1の行の2の列の3は，$1+2=3$を表しています。

表を見ると

　　　どの行もどの列も，異なる数が並んでいます。

　では，0, 1, 2の3つの数の世界でも足し算を考えることができるでしょうか。

　和が0, 1, 2のいずれかになるところを埋めると，次の表になります。

+	0	1	2
0	0	1	2
1	1	2	?
2	2	?	?

　3ヵ所が「?」になりました。「?」の欄には0, 1, 2のいず

れを入れるとよいでしょうか。ふつうの整数の足し算の表をまねて,

どの行もどの列も異なる数が並ぶ

というルールで 0, 1, 2 の 3 つの数の世界の足し算の表をつくってみましょう。

　まず, 1 の行の 2 の列, 2 の行の 1 の列に着目します。異なる数が並ぶということで, $1+2$, $2+1$ にあたる「?」の欄に 0 が入ることがわかります。

+	0	1	2
0	0	1	2
1	1	2	**0**
2	2	**0**	?

　次に, 2 の行の 2 の列に着目します。異なる数が並ぶということで, $2+2$ にあたる「?」の欄に 1 が入ることがわかります。

+	0	1	2
0	0	1	2
1	1	2	0
2	2	0	**1**

　これで表が完成しました。この表で, 0, 1, 2 の 3 つの数の世界の足し算を定めます。つまり,

$$1+2=0, \quad 2+1=0, \quad 2+2=1$$

が成り立つ数の世界を考えます。この数の世界では, $1+2$

は 3 ではなく，0 なのです。

　ふつうの自然数の世界では

$$1, \quad 1+1 = 2, \quad 1+1+1 = 2+1 = 3, \quad \cdots$$

のように，1 を繰り返し足すことですべての自然数が得られました。0, 1, 2 の 3 つの数の世界でも

$$1, \quad 1+1 = 2, \quad 1+1+1 = 2+1 = 0$$

となり，1 を繰り返し足すことですべての数 0, 1, 2 が得られます。とくに，0, 1, 2 の 3 つの数の世界では

$$1+1+1 = 0$$

となります。これは，ふつうの自然数の世界にはなかった性質です。また，このことから 0, 1, 2 の数の世界には，数の大小関係がないこともわかります。

　2 についても

$$2+2+2 = 1+2 = 0$$

となり，

$$2+2+2 = 0$$

です。0 は何回足しても 0 だから，

$$0+0+0 = 0$$

です。0, 1, 2 の 3 つの数の世界では

$$a+a+a = 0 \quad (a = 0, 1, 2)$$

が成り立ちます。

0, 1, 2 の 3 つの数の世界の足し算の表に戻ります。

+	0	1	2
0	0	1	2
1	1	2	0
2	2	0	1

どの行もどの列も異なる数が並んでいます。

つまり,

どの行もどの列も 0, 1, 2 が 1 つずつ並んでいます。

したがって,

$$1 + x = 2$$

を満たす数 x があります。この式は,足し算の表において,1 の行の x の列が 2 であることを表しています。足し算の表より,$x = 1$ であることがわかります。では,

$$2 + x = 1$$

を満たす数 x はあるでしょうか。この式は,足し算の表において,2 の行の x の列が 1 であることを表しています。足し算の表より,$x = 2$ であることがわかります。

ふつうの整数の世界では $2 + x = 1$ を満たす数 x は -1 です。したがって,0, 1, 2 の 3 つの数の世界では,2 がふつうの整数の世界の -1 にあたると考えることができます。このことから 0, 1, 2 の数の世界では

$$-1 = 2$$

です。このように，0, 1, 2 の数の世界でも負の数にあたる数を考えることができます。

0, 1, 2 の 3 つの数の世界の足し算の表

+	0	1	2
0	**0**	1	2
1	1	2	**0**
2	2	**0**	1

において，どの行もどの列も 1 つずつ 0 があります。

$$0 + 0 = 0, \quad 1 + 2 = 0, \quad 2 + 1 = 0$$

です。これより，

$$-0 = 0, \quad -1 = 2, \quad -2 = 1$$

となります。

0, 1, 2 の 3 つの数の世界には負の数にあたる数があるので，この負の数にあたる数を足すことにより，引き算を定めることができます。式で表すと，

$$a - b = a + (-b)$$

です。

たとえば，0, 1, 2 の 3 つの数の世界では $-2 = 1$ だから，

$$1 - 2 = 1 + (-2) = 1 + 1 = 2$$

となります。

また，ふつうの整数の世界で成り立っていた計算法則

$$a - (-b) = a + b$$

も同じように成り立ちます。

ここで注目してもらいたいのは，ふつうの自然数の世界では，$1-2$ を満たす -1 は自然数の中にはなかったことです。したがって，負の整数を新たに考えて，自然数に 0 と負の整数を合わせた整数を考え，数の範囲を広げました。

しかし，$0, 1, 2$ の 3 つの数の世界では，新しい数を考える必要はなく，$0, 1, 2$ の 2 つの数の差が $0, 1, 2$ のいずれかになっています。有限個の数の世界の中で，引き算ができるのです。

数 a の行の数 b の列に $a - b$ を書くと，表のようになります。

$-$	0	1	2
0	0	2	1
1	1	0	2
2	2	1	0

たとえば，1 の行の 2 の列が $1-2=2$ です。この表でも

どの行もどの列も異なる数が並んでいます。

以上のことから，$0, 1, 2$ の 3 つの数の世界は，ふつうの整数と同じように足し算と引き算が自由にできる数の世界になっていることがわかります。

こんどは，$0, 1, 2, 3, 4$ の 5 つの数の世界の足し算の表をつくってみましょう。

0, 1, 2 の 3 つの数の世界のときと同じように，まず和が
4 以下になる欄を埋めます。

+	0	1	2	3	4
0	0	1	2	3	4
1	1	2	3	4	?
2	2	3	4	?	?
3	3	4	?	?	?
4	4	?	?	?	?

10 ヵ所が「?」になりました。「?」の欄には 0, 1, 2, 3, 4
のいずれを入れるとよいでしょうか。

どの行もどの列も異なる数が並ぶ

というルールで「?」の欄に数を入れましょう。パズルを解
くようなつもりで考えてみてください。

次のように，ひととおりに数が入ります。

+	0	1	2	3	4
0	0	1	2	3	4
1	1	2	3	4	**0**
2	2	3	4	**0**	**1**
3	3	4	**0**	**1**	**2**
4	4	**0**	**1**	**2**	**3**

この表で 0, 1, 2, 3, 4 の 5 つの数の世界の足し算を定め
ます。

1 の列を縦に見ると，

$0+1=1$,　$1+1=2$,　$2+1=3$,　$3+1=4$,　$4+1=0$

となっていることがわかります。このことから，

$$1+1+1+1+1=0$$

となります。

次に，足し算の表の 0 の欄に注目します。

$+$	0	1	2	3	4
0	**0**	1	2	3	4
1	1	2	3	4	**0**
2	2	3	4	**0**	1
3	3	4	**0**	1	2
4	4	**0**	1	2	3

どの行もどの列も 1 つずつ 0 があります。

$0+0=0$,　$1+4=0$,　$2+3=0$,　$3+2=0$,　$4+1=0$

です。これより，

$-0=0$,　$-1=4$,　$-2=3$,　$-3=2$,　$-4=1$

と考えます。

引き算は，負の数にあたる数を足すことで定まります。$0, 1, 2, 3, 4$ の 5 つの数の世界もまた，ふつうの整数と同じように足し算と引き算が自由にできる数の世界です。

最後に，$0, 1, 2, 3, 4, 5, 6$ の 7 つの数の世界も見てみましょう。まず，和が 6 以下になる欄を埋めます。

+	0	1	2	3	4	5	6
0	0	1	2	3	4	5	6
1	1	2	3	4	5	6	?
2	2	3	4	5	6	?	?
3	3	4	5	6	?	?	?
4	4	5	6	?	?	?	?
5	5	6	?	?	?	?	?
6	6	?	?	?	?	?	?

この表の「?」の欄を

　　　　どの行もどの列も異なる数が並ぶ

というルールで数を入れましょう。

　表は次のように，ひととおりに決まります。

+	0	1	2	3	4	5	6
0	0	1	2	3	4	5	6
1	1	2	3	4	5	6	**0**
2	2	3	4	5	6	**0**	**1**
3	3	4	5	6	**0**	**1**	**2**
4	4	5	6	**0**	**1**	**2**	**3**
5	5	6	**0**	**1**	**2**	**3**	**4**
6	6	**0**	**1**	**2**	**3**	**4**	**5**

この表において，

　　　　どの行もどの列も1つずつ0があります。

よって，

$$-0 = 0, \quad -1 = 6, \quad -2 = 5, \quad -3 = 4,$$
$$-4 = 3, \quad -5 = 2, \quad -6 = 1$$

と考えます。引き算は，負の数にあたる数を足すことで定まります。

0, 1, 2 の世界（かけ算の話）

0, 1, 2 の 3 つの数の世界に戻ります。こんどはかけ算を考えましょう。

まず，ふつうの整数の世界のかけ算を表にすると次のようになります。

×	0	1	2
0	0	0	0
1	0	1	2
2	0	2	4

0 をかけると 0 になるので，0 の行や列を省略して，1 と 2 でかけ算を考えます。

×	1	2
1	1	2
2	2	4

では，0, 1, 2 の 3 つの数の世界のかけ算はどのようになるでしょうか。

まず，積が 0, 1, 2 のいずれかになるところを埋めると，次のようになります。

$$\begin{array}{c|ccc} \times & 0 & 1 & 2 \\ \hline 0 & 0 & 0 & 0 \\ 1 & 0 & 1 & 2 \\ 2 & 0 & 2 & ? \end{array}$$

0 をかけると 0 になるので，0 の行や列は省略して，1 と 2 でかけ算を考えます。

$$\begin{array}{c|cc} \times & 1 & 2 \\ \hline 1 & 1 & 2 \\ 2 & 2 & ? \end{array}$$

0，1，2 しか数が使えないので，「?」の欄が 1 つだけ残ります。「?」の欄は 2×2 にあたります。

ここで，ふつうの整数の世界のかけ算を振り返ります。$a + a$ を $2 \times a$ と書いたのと同じようにして，0, 1, 2 の 3 つの数の世界で 2 倍を決めます。

足し算の表

$$\begin{array}{c|ccc} + & 0 & 1 & 2 \\ \hline 0 & \mathbf{0} & 1 & 2 \\ 1 & 1 & \mathbf{2} & 0 \\ 2 & 2 & 0 & \mathbf{1} \end{array}$$

において，

$$0 + 0 = 0, \quad 1 + 1 = 2, \quad 2 + 2 = 1$$

より，

$$2 \times 0 = 0, \quad 2 \times 1 = 2, \quad 2 \times 2 = 1$$

です。よって，かけ算の表の「?」の欄には 1 が入ります。

×	1	2
1	1	2
2	2	**1**

かけ算の表も

　　どの行もどの列も異なる数が並んでいます。

つまり，

　　どの行もどの列も 1, 2 が 1 つずつ並んでいます。

したがって，

$$1 \times x = 2$$

を満たす数 x があります。この式は，かけ算の表において，1 の行の数 x の列が 2 という意味です。かけ算の表より，$x = 2$ であることがわかります。では，

$$2 \times x = 1$$

はどうなるでしょう。かけ算の表において，2 の行の数 x の列が 1 という意味です。かけ算の表より，$x = 2$ であることがわかります。ふつうの有理数の世界では，$2 \times x = 1$ を満たす数 x は，

$$x = 1 \div 2 = \frac{1}{2}$$

となります。有理数とは，正の分数，0，負の分数のことです。

　ところが，0, 1, 2 の 3 つの数の世界では，$2 \times x = 1$ を満たす数 x は $x = 2$ でした。よって，

$$\frac{1}{2} = 2$$

と考えることができます。このように考えると，0, 1, 2 の数の世界の中において，2 で割り算をすることができます。

　ここで注目してもらいたいことは，ふつうの整数の割り算では，$1 \div 2 = 1/2$ にあたる数が整数の世界にはなかったことです。したがって，整数から有理数まで数の範囲を広げたわけです。

　しかし，0, 1, 2 の 3 つの数の世界では，与えられた数を 0 でない数で割った商が必ず 0, 1, 2 のいずれかになります。つまり，有限個の数だけで，四則演算ができるのです。0, 1, 2 の 3 つの数の世界は，有理数と同じように四則演算ができる数の世界です。

　こんどは，0, 1, 2, 3, 4 の 5 つの数の世界のかけ算を調べてみましょう。どのようになるでしょうか。0 の行や 0 の列を除いて，積が 4 以下になるところを埋めると次の表になります。

×	1	2	3	4
1	1	2	3	4
2	2	4	?	?
3	3	?	?	?
4	4	?	?	?

8 ヵ所が「?」になりました。「?」の欄には 0, 1, 2, 3, 4

のいずれを入れるとよいでしょうか？

　ふつうの自然数のかけ算は

$$a \times b = \underbrace{b + b + \cdots + b}_{a}$$

で定められました。この定義にならって計算してみましょう。

　かけ算の表の 2 の行は 2 倍を計算します。0, 1, 2, 3, 4 の 5 つの数の世界の足し算の表

+	0	1	2	3	4
0	0	1	2	3	4
1	1	2	3	4	0
2	2	3	4	0	1
3	3	4	0	1	2
4	4	0	1	2	3

を用いて，

$$2 \times 2 = 2 + 2 = 4,$$
$$2 \times 3 = 3 + 3 = 1,$$
$$2 \times 4 = 4 + 4 = 3$$

となります。

　かけ算の表の 3 の行は 3 倍を計算します。足し算の表を繰り返し用いて，

$$3 \times 2 = 2 + 2 + 2 = 4 + 2 = 1,$$
$$3 \times 3 = 3 + 3 + 3 = 1 + 3 = 4,$$
$$3 \times 4 = 4 + 4 + 4 = 3 + 4 = 2$$

となります。4 倍も同様に計算して，表にすると，

×	1	2	3	4
1	1	2	3	4
2	2	4	**1**	**3**
3	3	**1**	**4**	**2**
4	4	**3**	**2**	**1**

となります。この表が 0, 1, 2, 3, 4 の 5 つの数の世界のかけ算の表です。

　　　どの行もどの列も異なる数が並んでいます。

とくに，

　　　どの行もどの列も 1 つずつ 1 があります。

　　$1 \times 1 = 1, \quad 2 \times 3 = 1, \quad 3 \times 2 = 1, \quad 4 \times 4 = 1$

です。

　ふつうの有理数の世界では，

$$a \times x = 1, \quad x \times a = 1$$

を満たす数 x を a の**逆数**とよび，a^{-1} または $1/a$ と表しました。0, 1, 2, 3, 4 の 5 つの数の世界でも，0 以外の数の逆数を考えることができます。

　　$1 \times 1 = 1, \quad 2 \times 3 = 1, \quad 3 \times 2 = 1, \quad 4 \times 4 = 1$

より，

$$1^{-1} = 1, \quad 2^{-1} = 3, \quad 3^{-1} = 2, \quad 4^{-1} = 4$$

となります。1, 2, 3, 4 の逆数はすべて，1, 2, 3, 4 のいずれかになっています。割り算は逆数をかけることで定まります。たとえば，

$$1 \div 2 = 1 \times 2^{-1} = 1 \times 3 = 3$$

となります。

　0, 1, 2, 3, 4 の 5 つの数の世界も，ふつうの有理数と同じように四則計算ができる数の世界です。

　この節で調べたように，0, 1, 2 の 3 つの数の世界と 0, 1, 2, 3, 4 の 5 つの数の世界には，有理数と同じような四則演算が定まります。

　3 と 5 は素数です。一般に，p を素数とするとき，0, 1, $\cdots$, $p-1$ の p 個の数の世界は有理数と同じように四則演算が定まる数の世界になります。そして，素数は無限にあるので，このような数の世界も無限に存在します。四則演算が定まる有限個の数の世界に「素数」が関係しているのです。

　では，なぜ p を素数とするとき，0, 1, $\cdots$, $p-1$ の p 個の数の世界には四則演算が存在するのでしょうか。その理由は第 2 章で説明します。

①③　$1+1=0$ の世界

　この節では，いちばん小さな有限個の数の世界，0, 1 の 2 つの数の世界を紹介します。0, 1 の 2 つの数の世界は数

の個数が少なく，演算のようすが見えにくくなります。そこ
で，0, 1, 2 の 3 つの数の世界や 0, 1, 2, 3, 4 の 5 つの数の
世界を先に紹介しました。

　　0 と 1 の 2 つの数の世界はどのような数の世界で
　　しょうか。

　0, 1 の 2 つの数の世界でも足し算の表をつくりましょう。
和が 0, 1 のいずれかになるところを埋め，

$$\begin{array}{c|cc} + & 0 & 1 \\ \hline 0 & 0 & 1 \\ 1 & 1 & ? \end{array}$$

　　　　　どの行もどの列も異なる数が並ぶ

というルールで「?」の欄に数を入れると，

$$\begin{array}{c|cc} + & 0 & 1 \\ \hline 0 & 0 & 1 \\ 1 & 1 & 0 \end{array}$$

となります。1 の行の 1 の列より，

$$1 + 1 = 0$$

です。0, 1 の 2 つの数の世界は $1 + 1 = 0$ が成り立つ数の
世界です。
　また，$0 + 0 = 0, 1 + 1 = 0$ より，

$$-0 = 0, \quad -1 = 1$$

が成り立ちます。

かけ算の表は

$$\begin{array}{c|c} \times & 1 \\ \hline 1 & 1 \end{array}$$

となります。$1 \times 1 = 1$ より,

$$1^{-1} = 1$$

です。0, 1 の 2 つの数の世界は四則演算が定まる数の世界です。

0, 1 の 2 つの数の世界の演算は，古代ギリシャの数学者ユークリッドが『原論』に著した偶数と奇数の演算と同じになります。

ユークリッドは，B.C.300 年頃にアレクサンドリアで活躍していたとされています。しかし，実際にどのような人物であったのかは，ほとんどわかっていません。

ユークリッドの著した『原論』はギリシャ数学の集大成で，その記述のスタイルはその後の数学の規範となっています。幾何学だけでなく，数論や代数についても多く書かれています。とくに数論では，素数の無限性の証明や，完全数などについて書かれています。

ユークリッドは『原論』第 9 巻で，

定理 20　素数の個数は定められた素数の個数より多い。

に続いて，次の定理を示しています。

定理 21　任意個の偶数を足すと偶数になる。

定理 22	偶数個の奇数を足すと偶数になる。
定理 23	奇数個の奇数を足すと奇数になる。
定理 24	偶数から偶数を引くと偶数になる。
定理 25	偶数から奇数を引くと奇数になる。
定理 26	奇数から奇数を引くと偶数になる。
定理 27	奇数から偶数を引くと奇数になる。
定理 28	偶数に奇数をかけると偶数になる。
定理 29	奇数に奇数をかけると奇数になる。

これらの定理を見ると，ユークリッドが偶数の集合と奇数の集合のあいだに足し算，引き算，かけ算の演算があると気づいていたように感じられます。

自然数全体を偶数と奇数に分けたとき，上のユークリッドの定理をまとめると，次のように書くことができます。

+	偶数	奇数
偶数	偶数	奇数
奇数	奇数	偶数

×	偶数	奇数
偶数	偶数	偶数
奇数	偶数	奇数

自然数を 2 で割った余り，0 または 1，に着目して，偶数を 0，奇数を 1 と表します。0, 1 を使って上の表を書き直してみましょう。

+	0	1
0	0	1
1	1	0

×	0	1
0	0	0
1	0	1

これらの表は 0, 1 の 2 つの数の世界の足し算とかけ算の表と同じです。

　現代の視点で見れば，ユークリッドの偶数と奇数の演算は，0，1 の 2 つの数の世界の演算と同じとみなすことができます。

$\mathbb{F}_3$ の館の壁には，たくさんの説明が書かれています。ツァールは斜め読みしながら，部屋の中を歩き回っています。

館の壁には，たくさんの数式も書かれています。プリムは1つずつ確認しながら，ゆっくり歩いています。

プリムがある説明の前で立ち止まりました。

四則演算のメリットは？

ツァールはプリムに近づいてたずねます。

「演算のメリット？　演算があると何かいいことがあるの？」

プリムは考え込んでいます。

「公式を導けるってことかな」

「たとえば，どんな公式？」

「$1 + 1 + 1 = 0$, $2 + 2 + 2 = 0$ はどうだろう。同じ数を3つ足すと0になる」

「本当だ。じゃあ，かけ算の公式もあるの？」

「わからない。とにかく，壁の説明を読んでみよう」

プリムは，たくさんある壁の説明を読み始めました。そして，ある説明に目がとまりました。

足し算の表とかけ算の表で語る数論

② ∕ ① 数直線から数「曲」線へ

p を素数として，$0, 1, 2, \cdots, p-1$ の p 個の数の世界の足し算とかけ算の意味を考えてみましょう。

まず，ふつうの整数の世界の足し算とかけ算を振り返ります。

自然数の演算を整数の演算に広げるとき，0と負の整数を定義しました。直線上に基準となる点をとり，数0を対応させます。そして，0を始点として右の方向に自然数 $1, 2, 3, \cdots$ を等間隔に並べ，左の方向に $-1, -2, -3, \cdots$ を並べます。このように数を並べた直線を**数直線**といいます。

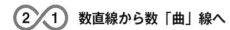

この数直線上では，与えられた数 a に1を足すことは，a から右の方向に1つだけ移動することでした。

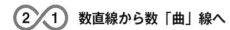

a から1を引くことは，a から左の方向に1つだけ移動することでした。このようなルールでふつうの整数の世界の足し算と引き算を定めました。足し算が定まれば，かけ算を

$$a \times b = \underbrace{b + b + \cdots + b}_{a}$$

により定めます。

$0, 1, 2, \cdots, p-1$ の p 個の数の世界でも同様に考えてみ

ましょう。説明のため，$p = 5$ とします。

　まず，0, 1, 2, 3, 4 を直線上に並べます。

$$\begin{array}{ccccc} 0 & 1 & 2 & 3 & 4 \\ \vdash & + & + & + & \!\!\!\!\longrightarrow \end{array}$$

　0, 1, 2, 3 の 4 個の数に 1 を足すことは，これまでと同じで右の方向に 1 つだけ移動することです。つまり，$0 + 1 = 1$, $1 + 1 = 2$, $2 + 1 = 3$, $3 + 1 = 4$ となります。

　では，残った $4 + 1$ はどのように考えればよいでしょうか。答えの候補として残っている数は 0 だけです。したがって，0, 1, 2, 3, 4 の 5 個の数の世界では

$$4 + 1 = 0$$

と考えます。

　1 を足すことは，右の方向に 1 移動することで，その結果が 0 になるというのは，数が直線上に並ぶのではなく，次の図のように円上に並んでいると考えれば，うまく説明がつきます。

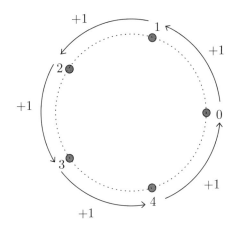

　ここでは，0, 1, 2, $\cdots$, $p-1$ をこのように円形に並べた数「曲」線を考えましょう。

　0, 1, 2, $\cdots$, $p-1$ の数「曲」線の上では，与えられた数 a に 1 を足すことは，a から円周を左回りに 1 つだけ移動することです。a から 1 を引くことは，a から円周を右回りに 1 つだけ移動することです。

　1 の加減を繰り返すと，与えられた数 a に b $(b \geqq 0)$ を足すことは，a から円周を左回りに b だけ移動することで，a から b を引くことは，a から円周を右回りに b だけ移動することになります。

　足し算が定まれば，かけ算を

$$a \times b = \underbrace{b + b + \cdots + b}_{a}$$

により定めます。このように数を円上に並べると，

$$\underbrace{1 + 1 + \cdots + 1}_{p} = 0$$

がひとめでわかります。0 を始点にして円周を左回りに p だけ進むと 0 に戻るからです。

　したがって，ふつうの整数の世界で，n を p で割った商を q，余りを r として，

$$n = pq + r \quad (r = 0, 1, 2, \cdots, p-1)$$

とおくとき，$0, 1, 2, \cdots, p-1$ の p 個の数の世界では，

$$\underbrace{1 + 1 + \cdots + 1}_{n} = \underbrace{1 + \cdots + 1}_{pq} + \underbrace{1 + \cdots + 1}_{r} = 0 + r = r$$

となります。

　以上のことから，$0, 1, 2, \cdots, p-1$ の p 個の数の世界の 2 つの数 a と b の足し算を，ふつうの整数の世界の演算で表すと，

$$(a + b) \div p \quad \text{の余り}$$

となります。

　例として，$p = 3$ の場合を見てみましょう。

+	0	1	2		+	0	1	2
0	0	1	2		0	0	1	2
1	1	2	3		1	1	2	0
2	2	3	4		2	2	0	1

　左はふつうの整数の世界の足し算の表，右は 0, 1, 2 の 3 個の数の世界の足し算の表です。

　$a + b$ の値が 2 以下の欄は，左の表と右の表は同じ値です。$a + b$ の値が 3 以上の欄は，左の表の 3, 4 が右の表では 0, 1 になり，3 ずつ小さくなっています。ひと言でまとめると，左の表の値を 3 で割った余りの表が右の表になっています。

　つまり，0, 1, 2 の 3 個の数の世界の 2 つの数 a と b の足し算を，ふつうの整数の世界の演算で表すと，

$$(a + b) \div 3 \quad \text{の余り}$$

となっています。

　0, 1, 2, $\cdots$, $p - 1$ の p 個の数の世界のかけ算は 0, 1, 2, $\cdots$, $p - 1$ の p 個の数の世界の足し算を繰り返すことで計算できました。したがって，0, 1, 2, $\cdots$, $p - 1$ の p 個の数の世界の 2 つの数 a と b のかけ算を，ふつうの整数の世界の演算で表すと，

$$(ab) \div p \quad \text{の余り}$$

となります。

　例として，$p = 5$ の場合を見てみましょう。

$\times$	1	2	3	4
1	1	2	3	4
2	2	4	6	8
3	3	6	9	12
4	4	8	12	16

$\times$	1	2	3	4
1	1	2	3	4
2	2	4	1	3
3	3	1	4	2
4	4	3	2	1

左がふつうの整数のかけ算の表，右が 0, 1, 2, 3, 4 の 5 個の数の世界のかけ算の表です。

　ab の値が 4 以下の欄は，左の表と右の表は同じ値です。ab の値が 5 以上の欄は，左の表の 6, 8, 9, 12, 16 が右の表ではそれぞれ 1, 3, 4, 2, 1 となっています。6, 8, 9, 12, 16 を 5 で割った余りが 1, 3, 4, 2, 1 です。ひと言でまとめると，左の表の値を 5 で割った余りの表が右の表です。

　つまり，0, 1, 2, 3, 4 の 5 個の数の世界の 2 つの数 a と b のかけ算を，ふつうの整数の演算で表すと，

$$(ab) \div 5 \quad \text{の余り}$$

となっています。

　以上，説明してきたように，0, 1, 2, $\cdots$, $p-1$ の p 個の数の世界の a と b の和や積をふつうの整数の世界の演算で表すと，それぞれ

$$(a+b) \div p \quad \text{の余り}, \qquad (ab) \div p \quad \text{の余り}$$

であることがわかります。このように割り算の余りで計算すると，表がなくても足し算とかけ算ができる。

　他の例でもう少し計算してみましょう。

　$p = 11$ のとき，$5 + 9$ の値は，

$$(5 + 9) \div 11 = 1 \cdots \mathbf{3}$$

だから，0, 1, 2, $\cdots$, 10 の 11 個の数の世界では，

$$5 + 9 = \mathbf{3}$$

となることがわかります。

また

$$(5 \times 9) \div 11 = 4 \cdots \mathbf{1}$$

だから，0, 1, 2, $\cdots$, 10 の 11 個の数の世界では，

$$5 \times 9 = \mathbf{1}$$

であることがわかります。

$p = 37$ のときは，

$$(21 + 30) \div 37 = 1 \cdots \mathbf{14}$$

だから，0, 1, 2, $\cdots$, 36 の 37 個の数の世界では，

$$21 + 30 = \mathbf{14}$$

であることがわかります。また，

$$(11 \times 33) \div 37 = 9 \cdots \mathbf{30}$$

だから，0, 1, 2, $\cdots$, 36 の 37 個の数の世界では，

$$11 \times 33 = \mathbf{30}$$

であることがわかります。

②／2 素数のはたらき

　第1章で，0, 1, 2, $\cdots$, $p-1$ の p 個の数に，ふつうの整数の足し算と

　　　どの行もどの列も異なる数が並ぶ

というルールを用いて足し算を定め，自然数のかけ算にならってかけ算を定めました。そして，2.1 節で $0, 1, 2, \cdots, p-1$ の p 個の世界の足し算とかけ算をふつうの整数で表すと，

$$(a+b) \div p \quad \text{の余り}, \quad (ab) \div p \quad \text{の余り}$$

となることを見ました。

　逆に，$0, 1, 2, \cdots, p-1$ の p 個の数に，

$$(a+b) \div p \quad \text{の余り}, \quad (ab) \div p \quad \text{の余り}$$

で足し算とかけ算を定めると，かけ算の表において，

$$\text{どの行もどの列も異なる数が並ぶ}$$

ことが，ふつうの自然数の世界の素数の性質から導かれます。このことを示しましょう。

　　素数の性質　素数 p が自然数の積 ab を割り切れば，p は a または b を割り切る。

　$0, 1, 2, \cdots, p-1$ の p 個の数の世界の a と b の積をふつうの整数の世界の演算で表すと

$$(ab) \div p \quad \text{の余り}$$

でした。したがって，「素数の性質」を書き直すと，

　　かけ算の性質　$0, 1, 2, \cdots, p-1$ の p 個の数の世界において，$ab = 0$ ならば，$a = 0$ または $b = 0$ である

となります。

「かけ算の性質」から，

0, 1, 2, $\cdots$, $p - 1$ の p 個の数の世界において，
$ax = ay$ $(a \neq 0)$ ならば，$x = y$ である

が成り立ちます。なぜなら，$ax = ay$ より，$a(x - y) = 0$ となり，$a \neq 0$ と「かけ算の性質」より，$x - y = 0$ となるからです。

よって，0, 1, 2, $\cdots$, $p - 1$ の p 個の数の世界では，0 でない数 a に対して，

$$a \times 1, \quad a \times 2, \quad a \times 3, \quad \cdots, \quad a \times (p - 1)$$

が互いに異なり，

$$1, \quad 2, \quad 3, \quad \cdots, \quad p - 1$$

を並べ替えたものになります。

したがって，かけ算の表において，

どの行も異なる数が並ぶ

ことがわかります。このことから，

どの行にも 1 が 1 つずつある

ことがわかります。

よって

$$a \times x = 1$$

を満たす数 x がただ 1 つ存在します。x が a の逆数 a^{-1} です。このことが 0, 1, 2, $\cdots$, $p - 1$ の p 個の数の世界で，0

以外の数による割り算を考えることができる理由になっています。

0, 1, 2, $\cdots$, $p-1$ の p 個の数の世界のように，四則演算が定められた有限集合を**有限体**あるいは**ガロア体**とよび，$\mathbb{F}_p$ で表します。数学者エヴァリスト・ガロア (1811-1832) が最初に発表したのでこの名がつけられています。

体というのは，四則演算が定められた集合のことです。たとえば，有理数の集合や実数の集合は体です。整数の集合は割り算に 0 以外の余りが生じることがあるので，体ではありません。

数の個数が素数でない有限個の数の世界はあるのでしょうか。この問題については，2.5 節と第 8 章で考えます。

②③ フェルマーの小定理

0, 1, 2, $\cdots$, $p-1$ の p 個の数の世界に四則演算が定められていることから，どのような数の性質がわかるでしょうか。

$p=5$ として，0, 1, 2, 3, 4 の 5 つの数の世界 $\mathbb{F}_5$ のかけ算を見てみましょう。

0 をかけると 0 になる

ので，0 を除いて表にします。

×	1	2	3	4
1	1	2	3	4
2	2	4	1	3
3	3	1	4	2
4	4	3	2	1

$\mathbb{F}_5$ のかけ算の表において,

どの行もどの列も 1, 2, 3, 4 が 1 つずつ並んでいます.

このことから何がわかるのでしょうか.

たとえば, 2 の行は

$$2, \quad 4, \quad 1, \quad 3$$

の順に 1, 2, 3, 4 が並んでいます. それぞれ

$$2 \times 1, \quad 2 \times 2, \quad 2 \times 3, \quad 2 \times 4$$

の値です. したがって, $\mathbb{F}_5$ では,

$$(2 \times 1) \times (2 \times 2) \times (2 \times 3) \times (2 \times 4) = 2 \times 4 \times 1 \times 3$$

が成り立ちます. 並び替えると,

$$2^4 \times 4! = 4!$$

となります. 0, 1, 2, 3, 4 の 5 つの数の世界 $\mathbb{F}_5$ は割り算ができるので, 両辺を 4! で割って,

$$2^4 = 1$$

となります.

同様に3の行は

$$3, \quad 1, \quad 4, \quad 2$$

の順に 1, 2, 3, 4 が並んでいます。それぞれ

$$3 \times 1, \quad 3 \times 2, \quad 3 \times 3, \quad 3 \times 4$$

の値です。したがって，$\mathbb{F}_5$ では，

$$(3 \times 1) \times (3 \times 2) \times (3 \times 3) \times (3 \times 4) = 3 \times 1 \times 4 \times 2$$

が成り立ちます。並び替えると，

$$3^4 \times 4! = 4!$$

となります。両辺を 4! で割ることができるので

$$3^4 = 1$$

となります。

　ここに何か法則がありそうです。

　$p = 7$ の場合も計算してみましょう。0, 1, 2, 3, 4, 5, 6 の 7 つの数の世界 $\mathbb{F}_7$ のかけ算の表は以下のとおりです。

$\times$	1	2	3	4	5	6
1	1	2	3	4	5	6
2	2	4	6	1	3	5
3	3	6	2	5	1	4
4	4	1	5	2	6	3
5	5	3	1	6	4	2
6	6	5	4	3	2	1

$\mathbb{F}_7$ のかけ算の表において,

どの行もどの列も 1, 2, 3, 4, 5, 6 が 1 つずつ並んでいます.

2 の行に着目すると,

$$(2 \times 1) \times (2 \times 2) \times (2 \times 3) \times (2 \times 4) \times (2 \times 5) \times (2 \times 6)$$
$$= 2 \times 4 \times 6 \times 1 \times 3 \times 5$$

となり, 並び替えて,

$$2^6 \times 6! = 6!$$

となります. $\mathbb{F}_7$ でも割り算ができるので, 両辺を $6!$ で割って,

$$2^6 = 1$$

となります.

3 の行から 6 の行も 1, 2, 3, 4, 5, 6 が 1 つずつ並んでいるので, 同様にして,

$$3^6 = 1, \quad 4^6 = 1, \quad 5^6 = 1, \quad 6^6 = 1$$

となることがわかります.

0, 1, 2, $\cdots$, $p - 1$ の p 個の数の世界 $\mathbb{F}_p$ では,

$$a^{p-1} = 1 \quad (a \text{ は } 0 \text{ でない } \mathbb{F}_p \text{ の数})$$

が成り立っているようです.

この予想は正しく, **フェルマーの小定理**とよばれています.

定理 2.1 $\mathbb{F}_p$ において，0 でない数 a は $a^{p-1} = 1$ を満たす。

上の例で見たように，フェルマーの小定理は $\mathbb{F}_p$ のかけ算の表において

どの行もどの列も 1, 2, $\cdots$, $p-1$ が 1 つずつ並んでいる

ことから導かれます。ふつうの整数の世界におけるフェルマーの小定理は第 7 章で説明します。

ピエール・ド・フェルマー (1607-1665) はフランスの数学者で，法学を学んで，その方面の仕事に就きました。そして，数学の研究を仕事の余暇におこない，パスカルをはじめ，当時の著名な数学者と交流しました。多くの先駆的な研究を残していますが，研究結果をまとめて出版することはせず，手紙で伝えたり，本の余白に書き込んだりしていました。

なかでも，フェルマーが予想して，20 世紀の終わりに解決されたフェルマーの最終定理は有名です。本書では，フェルマーの研究として，フェルマーの小定理のほか，第 10 章でフェルマーの平方和定理を紹介します。

② / ④ ウィルソンの定理

2.3 節では，0, 1, 2, $\cdots$, $p-1$ の p 個の数の世界 $\mathbb{F}_p$ のかけ算の表において

どの行もどの列も 1, 2, $\cdots$, $p-1$ が 1 つずつ並んでいる

ことから，フェルマーの小定理を得ることができました。この節では，$\mathbb{F}_p$ のかけ算の表において

どの行にもどの列にも 1 が 1 つずつある

ことに注目します。

　このことから，どのような数の法則が導かれるでしょうか。0, 1, 2, 3, 4 の 5 個の数の世界 $\mathbb{F}_5$ で見てみましょう。

　$\mathbb{F}_5$ のかけ算の表

$\times$	1	2	3	4
1	**1**	2	3	4
2	2	4	**1**	3
3	3	**1**	4	2
4	4	3	2	**1**

を見ると，

　どの行もどの列も 1, 2, 3, 4 が 1 つずつ並んでいます。

とくに，

どの行にもどの列にも 1 が 1 つずつあります。

$$1 \times 1 = 1, \quad 2 \times 3 = 1, \quad 3 \times 2 = 1, \quad 4 \times 4 = 1$$

です。

　このことから何がわかるでしょうか。

$$4! = 1 \times 2 \times 3 \times 4$$

を計算してみましょう。

　まず，$2 \times 3 = 1$ だったので，

$$4! = 1 \times (2 \times 3) \times 4 = 1 \times 1 \times 4$$

となります。1 をいくらかけても値は変わらないので，

$$4! = 4$$

となることがわかります。

　ここでもやはり，何か法則がありそうです。

　$p = 7$ の場合も計算してみましょう。$\mathbb{F}_7$ のかけ算の表は以下のとおりです。

$\times$	1	2	3	4	5	6
1	**1**	2	3	4	5	6
2	2	4	6	**1**	3	5
3	3	6	2	5	**1**	4
4	4	**1**	5	2	6	3
5	5	3	**1**	6	4	2
6	6	5	4	3	2	**1**

どの行もどの列も 1, 2, $\cdots$, 6 が 1 つずつ並んでいます。

　とくに，

　　　どの行にもどの列にも 1 が 1 つずつあります。

$$1 \times 1 = 1, \quad 2 \times 4 = 1, \quad 3 \times 5 = 1,$$
$$4 \times 2 = 1, \quad 5 \times 3 = 1, \quad 6 \times 6 = 1$$

です。

　$\mathbb{F}_7$ において 6! を計算すると，

$$6! = 1 \times 2 \times 3 \times 4 \times 5 \times 6$$
$$= 1 \times (2 \times 4) \times (3 \times 5) \times 6$$
$$= 1 \times 1 \times 1 \times 6 = 6$$

となります。

$$6! = 6$$

が成り立っています。

$\mathbb{F}_p$ においては,

$$(p-1)! = p-1$$

が成り立っているようです。この予想は正しく, **ウィルソンの定理**とよばれています。$\mathbb{F}_p$ では $p-1 = -1$ だから, 次のようにまとめられます。

定理 2.2 $\mathbb{F}_p$ において, $(p-1)! = -1$ が成り立つ。

上の例で見たように, ウィルソンの定理は, $\mathbb{F}_p$ のかけ算の表において

どの行もどの列も $1, 2, \cdots, p-1$ が1つずつ並んでいる

とくに,

どの行にもどの列にも 1 が1つずつある

ことから導かれます。ふつうの整数の世界におけるウィルソンの定理については, 第7章で説明します。

② ⑤ 0, 1, 2, 3 の世界

これまで，0, 1, 2 の 3 つの数の世界や 0, 1, 2, 3, 4 の 5
つの数の世界を中心に，四則演算が定められる有限個の数の
世界を紹介してきました。

3 つの数の世界の次が 5 つの数の世界で，4 つの数の世界
がないと思った読者もいるでしょう。4 は素数ではありませ
ん。そのため，また違った数の世界が広がっているのです。

0, 1, 2, 3 の 4 つの数の世界の足し算の表をつくってみま
しょう。

+	0	1	2	3
0	0	1	2	3
1	1	2	3	?
2	2	3	?	?
3	3	?	?	?

和が 3 以下になるところを埋めると，6 ヵ所が「?」になり
ました。「?」の欄には 0, 1, 2, 3 のいずれを入れるとよいで
しょうか。ここでもやはり，

どの行もどの列も異なる数が並ぶ

というルールにしたがって「?」の欄を埋めてみましょう。

次のように，ひととおりに数が入ります。

+	0	1	2	3
0	0	1	2	3
1	1	2	3	**0**
2	2	3	**0**	**1**
3	3	**0**	**1**	**2**

この表で $0, 1, 2, 3$ の 4 つの数の世界の足し算を定めます。

第 1 章で計算した $0, 1, 2$ の 3 つの数の世界と同様に, $0, 1, 2, 3$ の 4 つの数の世界では, 1 を繰り返し足すとすべての数が得られます。1 の列を縦に読むと,

$$0 + 1 = 1, \quad 1 + 1 = 2, \quad 2 + 1 = 3, \quad 3 + 1 = 0$$

となっていることからわかります。とくに,

$$1 + 1 + 1 + 1 = 0$$

となります。

また, 足し算の表

+	0	1	2	3
0	**0**	1	2	3
1	1	2	3	**0**
2	2	3	**0**	1
3	3	**0**	1	2

において,

どの行もどの列も 1 つずつ 0 があります。

よって,

$$0 + 0 = 0, \quad 1 + 3 = 0, \quad 2 + 2 = 0, \quad 3 + 1 = 0$$

です。0, 1, 2, 3 の 4 つの数の世界にも，負の数にあたる数が定められます。

$$-0 = 0, \quad -1 = 3, \quad -2 = 2, \quad -3 = 1$$

となります。引き算は，負の数にあたる数を足すことで定まります。

　0, 1, 2, 3 の 4 つの数の世界も，ふつうの整数と同じように足し算と引き算が自由にできる数の世界です。

　こんどは，0, 1, 2, 3 の 4 つの数の世界のかけ算を調べてみましょう。どのようになるでしょうか。

×	1	2	3
1	1	2	3
2	2	?	?
3	3	?	?

　積が 3 以下のところを埋めると，4 ヵ所が「?」になりました。「?」の欄には 0, 1, 2, 3 のいずれを入れるとよいでしょうか。自然数のかけ算は

$$a \times b = \underbrace{b + b + \cdots + b}_{a}$$

で定めました。この定義にならって計算します。

　かけ算の表の 2 の行は 2 倍を計算します。足し算の表

60

$$
\begin{array}{c|cccc}
+ & 0 & 1 & 2 & 3 \\
\hline
0 & 0 & 1 & 2 & 3 \\
1 & 1 & 2 & 3 & 0 \\
2 & 2 & 3 & 0 & 1 \\
3 & 3 & 0 & 1 & 2
\end{array}
$$

を用いて,

$$2 \times 2 = 2 + 2 = 0$$
$$2 \times 3 = 3 + 3 = 2$$

となります。

3の行は3倍を計算します。足し算の表を繰り返し用いて,

$$3 \times 2 = 2 + 2 + 2 = 0 + 2 = 2$$
$$3 \times 3 = 3 + 3 + 3 = 2 + 3 = 1$$

となります。表にすると,

$$
\begin{array}{c|ccc}
\times & 1 & 2 & 3 \\
\hline
1 & 1 & 2 & 3 \\
2 & 2 & \mathbf{0} & \mathbf{2} \\
3 & 3 & \mathbf{2} & \mathbf{1}
\end{array}
$$

となります。この表が $0, 1, 2, 3$ の4つの数の世界のかけ算の表と考えられます。

ところが, $0, 1, 2, 3$ の4つの数の世界のかけ算は, 第1章で計算した p が素数のときの $0, 1, 2, \cdots, p-1$ の p 個の数の世界 $\mathbb{F}_p$ のかけ算とは, ようすが異なります。

かけ算の表

×	1	2	3
1	1	2	3
2	**2**	0	**2**
3	3	2	1

を見ると，0, 1, 2, 3 の 4 つの数の世界では，

$$2 \times 1 = 2, \quad 2 \times 3 = 2$$

のように

　　　同じ数が並ぶ行や列があります。

　このことは，$2 \times x = 2$ を満たす数 x が $x = 1, 3$ と 2 つあることを示しています。また，かけ算の表の 2 の行に 1 がないことから，$2 \times x = 1$ を満たす数 x が存在しないので，2 の逆数は存在しません。つまり，0, 1, 2, 3 の 4 個の数の世界では，割り算ができないことになります。

　さらに，

$$2 \times 2 = 0$$

のように

　　　0 でない数の積が 0 になることもあります。

　このことからも，0, 1, 2, 3 の 4 個の数の世界は割り算ができない数の世界になることがわかります。

　それでは，

四則演算が定められる 4 つの数の世界はないのでしょうか。

　この問題については第 8 章で考えます。

第3章 0と1の幾何学

プリムとツァールは隣の部屋に移動しました。壁にはやはり，数式や説明が書いてあります。

有限個の数の世界の数学。数学とは何？

なぞなぞでしょうか。

「数学は数と図形！　簡単さ」

ツァールは得意気です。

「そうだね。有限個の数の世界にも四則演算があった」

プリムはうなずいています。

「でも，有限個の数の世界の図形ってなんだろう？」

「有限個の数の世界の図形？　そんなものあるもんか！」

ツァールは大きな声を出しました。

「あっ！　待って」

プリムが何か思いついたようです。

「図形ってなんだろう？」

「三角形，四角形，円！」

「図形は何でつくられている？」

「点，線，面！」

「そうだね。点や線や面は，有限個の数の世界でも考えられるんじゃないかな」

「どうして？」

「だって，座標を使えば，点や線や面は数の組や式で表さ

れる」

「なるほど。式があれば，点や線や面が考えられるんだ！」

ふたりは有限個の数の世界の幾何を理解し始めたようです。

時間割作成の問題

　この章では，$0, 1, 2, \cdots, p-1$ の p 個の数の世界 $\mathbb{F}_p$ の応用を考えます。$\mathbb{F}_p$ の数の組 (x, y) を考え，これをふつうの座標平面上の点のように考えます。$\mathbb{F}_p$ の数の組の全体が平面です。有限個の点しかない平面ですが，点と平面があるので，幾何学の世界が広がっているようです。

　有限個の数の世界の幾何学とは，いったいどのような世界なのでしょうか。

　まず，次の問題を考えてみます。

> **問題**　数学の勉強会を3日間，一日3時間する計画を立てたい。A，B，C の 3 人の先生が数学 I，数学 II，数学 III の 3 教科の授業をする時間割を作成するとき，どの日もどの時間帯も，先生と教科が異なるような時間割を作成することは可能か。

	1日目	2日目	3日目
1 時間目	A I	B I	
2 時間目	A II		
3 時間目			

上の時間割は，1日目の1時間目，2時間目にA先生が重なって入っています。また，1日目，2日目に数学 I が 1

時間目に重なって入っています。このような重なりがない
ように時間割をつくることができるかという問題です。

　じつは，この条件を満たすように時間割を作成することは
可能です。たとえば，次のような時間割が作成できます。

	1日目	2日目	3日目
1時間目	A I	B II	C III
2時間目	C II	A III	B I
3時間目	B III	C I	A II

　上の表のように，どの行もどの列もすべて先生と教科の組
み合わせが異なっているような表のことを**オイラー方陣**とい
います。

　レオンハルト・オイラー (1707-1783) は，スイス生まれ
の数学者です。その数学の業績は多方面にわたり，研究の量
も膨大で，史上最も多くの成果を挙げた数学者と言われてい
ます。数論，解析学，幾何学にわたって研究をおこない，オ
イラーの名前のついた定理や公式は数多くあります。

　また，現在使われている記号 e (自然対数の底)，$\sum$ (和の
記号)，i (虚数単位) などもオイラーに負っています。数論
の研究では，微分積分学を使って画期的な研究をおこないま
した。また，平方剰余の相互法則についても先駆的な研究を
しています。

　本書では，オイラーの研究として，オイラー方陣のほか，
第4章でオイラーの規準を紹介しています。オイラーの規
準は第4章以降，本書で重要な位置を占めています。

　では，オイラー方陣はどのようにしてつくることができる
のでしょうか。

　この問題に答えてくれるのが，この章のテーマである「有限個の数の世界の幾何学」です。

③／② 0, 1 の世界の平面幾何

　まず，いちばん小さな 0, 1 の 2 つの数の世界 $\mathbb{F}_2$ の場合を考えましょう。$\mathbb{F}_2$ の数 0, 1 の数の組

$$(0, 0), \quad (0, 1), \quad (1, 0), \quad (1, 1)$$

を考えます。

　これらの数の組を**点**とよぶことにします。そして，これらの点の集まりを**平面**とよぶことにしましょう。また，$y = ax + b$ および $x = c$ の式を満たす点 (x, y) の集まりを**直線**とよび，これらの式で直線を表します。

　そして，これから後の説明をわかりやすくするために，ふつうの座標平面と同じように，点 (x, y) の x のほうを **x 座標**，y のほうを **y 座標**とよびましょう。

　$\mathbb{F}_2$ における直線にはどのようなものがあるでしょうか。$y = ax + b$, $x = c$ の a, b, c は $\mathbb{F}_2$ の数だから，次の 6 つの直線があります。

$$y = 0, \quad y = 1, \quad y = x, \quad y = x + 1, \quad x = 0, \quad x = 1$$

　2 点があれば，その 2 点を通る直線が定まります。たとえば，点 $(0, 0)$, $(1, 1)$ を通る直線は，$y = ax + b$ に $(0, 0)$ を代入すると $b = 0$ となり，さらに $(1, 1)$ を代入すると，$a = 1$ となるので，$y = x$ になります。

また，点 $(0, 0)$，$(0, 1)$ を通る直線は $x = 0$，点 $(0, 0)$，$(1, 0)$ を通る直線は $y = 0$ となります。直線 $x = 0$ を **y 軸**，直線 $y = 0$ を **x 軸**とよびましょう。

4 点と 6 本の直線だけから成る $\mathbb{F}_2$ の平面図形をふつうの座標平面をまねて表示すると，次のような図として表すことができます。

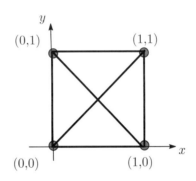

ここで，点 $(1, 0)$ が $y = x + 1$ を満たすことは，$\mathbb{F}_2$ で $0 = 1 + 1$ が成り立つことからいえます。図を見ると，点 $(0, 1)$，$(1, 0)$ を通る直線は $y = -x + 1$ となります。$\mathbb{F}_2$ では $-1 = 1$ だから，直線 $y = -x + 1$ と直線 $y = x + 1$ は同じ直線を表します。

異なる 2 本の直線の式を同時に満たす点を，2 直線の**交点**といいます。

たとえば，直線 $x = 1$ と直線 $y = 1$ の交点は点 $(1, 1)$ です。点 $(1, 1)$ はこの 2 つの直線の式を満たすからです。同じように，2 直線 $x = 0$，$y = 0$ の交点は点 $(0, 0)$ であ

り，2 直線 $x = 0$, $y = 1$ の交点は点 $(0, 1)$ であり，2 直線
$x = 1$, $y = 0$ の交点は点 $(1, 0)$ です。

そして，交点をもたない異なる 2 直線を**平行**であるといい
ます。直線 $y = 0$ と $y = 1$ は平行な 2 直線であり，$y = x$
と $y = x + 1$ も平行な 2 直線であり，$x = 0$ と $x = 1$ も平
行な 2 直線です。

ふつうの直線の方程式と同じように，x の 1 次の係数が等
しい 2 直線 $y = ax + b$, $y = ax + c$ $(b \neq c)$ は平行になり
ます。連立方程式

$$\begin{cases} y = ax + b \\ y = ax + c \end{cases}$$

を解くと，解 (x, y) がないことがわかるからです。

ところで，前ページの図を見ると，$y = x$ と $y = -x + 1$
が交わっているように見えます。$\mathbb{F}_2$ の平面幾何をふつうの
座標平面をまねて書いたためにこのような図になっています
が，じつは，交わっているように見える点は $\mathbb{F}_2$ の平面の点
ではありません。

つまり，$y = x$ と $y = -x + 1$ は平行です。$\mathbb{F}_2$ では $-1 = 1$
だから，$y = x$ と $y = -x + 1$ は x の 1 次の係数が等しく
なります。

$\mathbb{F}_2$ の平面では，点が 4 個，直線が 6 本で，どの直線上に
も 2 点があり，1 つの点を通る直線は 3 本あります。

このように 0, 1 の 2 つの数の世界 $\mathbb{F}_2$ でも，点，直線，平
面を考えることができます。そして，ふつうの平面上の直線
と同じように

ことがわかります。

　この事実の背後に，0, 1 の 2 つの数の世界 $\mathbb{F}_2$ の四則演算があります。

　まず，2 直線の交点は連立方程式の解になります。そして，$\mathbb{F}_2$ に四則演算があることから，平行でない 2 直線の定める連立方程式はただ 1 つの解をもちます。0, 1 の 2 つの数の世界 $\mathbb{F}_2$ にも，点と直線の幾何学があるのです。

　このような幾何学を考えてどのような意味があるのでしょうか。じつは，意外な応用があります。

　第 1 章で，有限個の数の世界に足し算を定義したとき，表のどの行もどの列も異なる数が並ぶように「?」の欄に数を入れました。0 と 1 の世界の足し算では

$$
\begin{array}{c|cc}
+ & 0 & 1 \\
\hline
0 & 0 & 1 \\
1 & 1 & 0
\end{array}
$$

となり，和の部分は

$$
\begin{array}{|c|c|}
\hline
0 & 1 \\
\hline
1 & 0 \\
\hline
\end{array}
$$

となりました。

　このように，どの行もどの列も異なる数が並ぶ表のことを**ラテン方陣**といいます。数が 0, 1 の 2 個だから，2 行 2 列の表になります。このようなラテン方陣を 2 次のラテン方陣といいます。

では，$\mathbb{F}_2$ の平面世界の幾何を使って，ラテン方陣をつくってみましょう。

x 軸にも y 軸にも平行でない，互いに平行な直線群を考えます。$y = x$, $y = x + 1$ が，このような平行な2直線です。直線に名前をつけて

$$\ell_0 : y = x, \quad \ell_1 : y = x + 1$$

とします。

点 $(0, 0)$, $(1, 1)$ は直線 ℓ_0 上の点です。このことを表で

	0	1
0	ℓ_0	
1		ℓ_0

のように表しましょう。表の行は x 座標，列は y 座標を表しています。

点 $(0, 1)$, $(1, 0)$ は直線 ℓ_1 上の点です。このことを表につけ加えると，

	0	1
0	ℓ_0	ℓ_1
1	ℓ_1	ℓ_0

(3.1)

となります。

表 (3.1) を見ると

どの行もどの列も異なる直線が並んでいます。

これはどうしてでしょうか。このような表ができる背後に，

平行でない異なる 2 直線は 1 点で交わる

という直線の性質があります。

0 の行にあたる点 $(0, 0)$, $(0, 1)$ は直線 $x = 0$ 上の点です。$x = 0$ と ℓ_0 は平行ではないので，$x = 0$ と ℓ_0 はちょうど 1 点で交わります。よって，0 の行のちょうど 1 つの欄が ℓ_0 になります。ℓ_1 についても同様です。したがって，このように表をつくると，どの行もどの列も異なる直線が並ぶ表ができます。

表 (3.1) において

$$\ell_0 \longrightarrow 0, \quad \ell_1 \longrightarrow 1$$

と置き換えると，次の表が得られます。

	0	1
0	0	1
1	1	0

このように，$\mathbb{F}_2$ における平行な 2 直線を利用して，2 次のラテン方陣

0	1
1	0

を得ることができます。2 次のラテン方陣はこの 1 種類だけです。

1	0
0	1

のような2次のラテン方陣もありますが，これは0を1に，1を0に置き換えると，

になります。数の置き換えで同じになるものは，同じラテン方陣と考えます。

2次のラテン方陣は，有限個の数の世界の幾何を利用しなくても簡単につくれます。次節では，3次のラテン方陣を考えて有限個の数の世界がどのように応用されるかを見てみましょう。

③③ 0, 1, 2 の世界の平面幾何

0, 1, 2 の3つの数の世界 $\mathbb{F}_3$ の平面幾何は，点が $\mathbb{F}_3$ の2つの数の組の世界です。具体的に書くと，点が

$$(0, 0), (0, 1), (0, 2), (1, 0), (1, 1), (1, 2), (2, 0), (2, 1), (2, 2)$$

の9個の世界です。

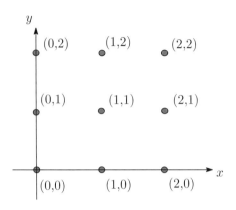

　直線は $y = ax + b$ と $x = c$ の a, b, c に $\mathbb{F}_3$ の数 0, 1, 2
を代入して，次の 12 本があります。

$$y = 0, \quad y = 1, \quad y = 2$$

$$y = x, \quad y = x + 1, \quad y = x + 2$$

$$y = 2x, \quad y = 2x + 1, \quad y = 2x + 2$$

$$x = 0, \quad x = 1, \quad x = 2$$

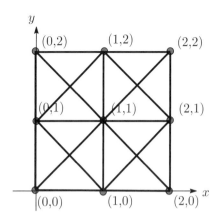

$\mathbb{F}_3$ では $2 = -1$ だから,

$$y = 2x, \quad y = 2x + 1, \quad y = 2x + 2$$

はそれぞれ

$$y = -x, \quad y = -x + 1, \quad y = -x + 2$$

と同じです。$-1 = 2$, $-2 = 1$ だから, $y = x - 1$ は $y = x + 2$ と同じ直線になり, $y = x - 2$ は $y = x + 1$ と同じ直線になります。

$\mathbb{F}_3$ の平面では, 点が9個, 直線が12本で, どの直線上にも3点があり, 1つの点を通る直線は4本あります。

上の図では $(0, 0)$ を通る直線は $x = 0$, $y = 0$, $y = x$ の3本しかないように見えますが, $(1, 2)$, $(2, 1)$ を通る直線も $(0, 0)$ を通っています。この直線は $y = 2x$ あるいは $y = -x$ と表すことができます。$(2, 0)$ を通る直線や, $(2, 2)$ を通る直線, $(0, 2)$ を通る直線についても同様です。

前節と同じように，点と直線の関係を表にしてみましょう。$\mathbb{F}_3$ の平面には，$y = ax + b \ (a \neq 0)$ の形をした以下のような 2 種類の平行な直線群 $[\ell]$, $[m]$ があります。

$$[\ell] : \ y = x, \quad y = x + 1, \quad y = x + 2$$

$$[m] : \ y = 2x, \quad y = 2x + 1, \quad y = 2x + 2$$

これらの直線はいずれも，x 軸にも y 軸にも平行ではありません。

$$\ell_0 : \ y = x, \quad \ell_1 : \ y = x + 1, \quad \ell_2 : \ y = x + 2$$

とします。

点 $(0,\, 0)$, $(1,\, 1)$, $(2,\, 2)$ は直線 ℓ_0 上の点です。このことを表で

	0	1	2
0	ℓ_0		
1		ℓ_0	
2			ℓ_0

と表します。同様に，点 $(0,\, 1)$, $(1,\, 2)$, $(2,\, 0)$ は直線 ℓ_1 上の点，点 $(0,\, 2)$, $(1,\, 0)$, $(2,\, 1)$ は直線 ℓ_2 上の点です。これらも表につけ加えると，次の表が得られます。

	0	1	2
0	ℓ_0	ℓ_1	ℓ_2
1	ℓ_2	ℓ_0	ℓ_1
2	ℓ_1	ℓ_2	ℓ_0

$$(3.2)$$

表 (3.2) を見ると，

　　どの行もどの列も異なる直線が並んでいます。

表 (3.2) のそれぞれの欄を

$$\ell_0 \longrightarrow 0, \quad \ell_1 \longrightarrow 1, \quad \ell_2 \longrightarrow 2$$

と置き換えると，

	0	1	2
0	0	1	2
1	2	0	1
2	1	2	0

となります。この表から，次の 3 次のラテン方陣が得られます。

0	1	2
2	0	1
1	2	0

次に，もう 1 種類の平行な直線群 $[m]$ について

$$m_0 : y = 2x, \quad m_1 : y = 2x + 1, \quad m_2 : y = 2x + 2$$

として，表 (3.2) と同様に，これらの直線が通る点を考えると，次の表が得られます。

$$
\begin{array}{c|ccc}
 & 0 & 1 & 2 \\
\hline
0 & m_0 & m_1 & m_2 \\
1 & m_1 & m_2 & m_0 \\
2 & m_2 & m_0 & m_1 \\
\end{array}
\tag{3.3}
$$

表 (3.3) を見ると,

どの行もどの列も異なる直線が並んでいます.

表 (3.3) のそれぞれの欄を

$$
m_0 \longrightarrow 0, \quad m_1 \longrightarrow 1, \quad m_2 \longrightarrow 2
$$

と置き換えると,

$$
\begin{array}{c|ccc}
 & 0 & 1 & 2 \\
\hline
0 & 0 & 1 & 2 \\
1 & 1 & 2 & 0 \\
2 & 2 & 0 & 1 \\
\end{array}
$$

となります. この表から, 次の 3 次のラテン方陣が得られます.

0	1	2
1	2	0
2	0	1

$\mathbb{F}_3$ の平行な直線群を使って得られた表 (3.2), 表 (3.3) がラテン方陣になっている理由は, $\mathbb{F}_2$ の場合と同様で,

平行でない異なる 2 直線は 1 点で交わる

からです。

　表 (3.3) のラテン方陣は，平行な直線群 [m] が表 (3.2) の平行な直線群とは異なるので，0, 1, 2 の置き換えでは同じラテン方陣になりません。本質的に異なるラテン方陣です。

　$\mathbb{F}_2$ の平面幾何では 1 種類の平行な直線群から 1 種類のラテン方陣がつくれ，$\mathbb{F}_3$ の平面幾何では 2 種類の平行な直線群から 2 種類のラテン方陣がつくれました。

　この理由は，2 と 3 がともに素数であることと関係しています。つまり，$\mathbb{F}_2$，$\mathbb{F}_3$ に四則演算があるから，ラテン方陣をつくることができるのです。

　一般に，p が素数のとき，$y = ax + b\ (a \neq 0)$ の形の平行な直線群は $a = 1, 2, \cdots, p-1$ の $p-1$ 種類あり，これらの直線群から $p-1$ 種類の p 次のラテン方陣がつくられます。

　そして，次節で説明するように，この方法でつくったラテン方陣から，オイラー方陣をつくることができます。

③④　オイラー方陣

　p.77 と p.78 に示した 2 つの 3 次のラテン方陣

0	1	2
2	0	1
1	2	0

0	1	2
1	2	0
2	0	1

を重ね合わせると，次のような方陣ができます。

[0,0]	[1,1]	[2,2]
[2,1]	[0,2]	[1,0]
[1,2]	[2,0]	[0,1]

(3.4)

この方陣を見ると，0，1，2 を用いた 2 つの数の組み合わせがすべて現れ，同じ組み合わせが 2 ヵ所以上に現れることはありません。しかも，

[a,b] の成分 a, b について，それぞれどの行もどの
列も異なる数の組が並んでいます。

このような方陣がオイラー方陣でした。

上のように $\mathbb{F}_3$ の平面において，座標軸に平行でない直線からつくったラテン方陣を組み合わせると，オイラー方陣を得ることができます。つまり，同じ組み合わせが現れず，すべての欄に異なる数の組み合わせが入ります。

なぜでしょうか。理由を考えてみましょう。

方陣 (3.4) のそれぞれの欄は，直線の組を表していました。直線が通る点の座標に合わせて，上から 0 の行，1 の行，2 の行，左から 0 の列，1 の列，2 の列と読みます。

数 a の行の数 b の列が [c, d] のとき，$y = x + c$ と $y = 2x + d$ が点 (a, b) を通ります。つまり，平行でない 2 直線 $y = x + c$ と $y = 2x + d$ の交点が (a, b) になっています。

たとえば，方陣 (3.4) の 0 の行の 0 の列の欄の [0, 0] は，点 (0, 0) が平行でない 2 直線 $y = x$ と $y = 2x$ の交点になっていることを表しています。同じように，2 の行の 1 の列の欄の [2, 0] は，点 (2, 1) が平行でない 2 直線 $y = x + 2$

と $y = 2x$ の交点になっていることを表しています。

　$\mathbb{F}_3$ の平面の9個の点は，平行でない2直線 $y = x + c$ と $y = 2x + d$ の交点になっていて，平行でない2直線は1点だけで交わるので，9個の欄に同じ数字の組み合わせが現れることはありません。

　このような方陣にオイラーの名前がついているのは，オイラーが，「36士官問題」といわれている次の問題を提示したことによります。

> **36士官問題**　6連隊の各隊から，6階級の士官を1人ずつ集めて，6行6列の隊列をつくる。どの行と列にも，各隊と各階級が1人ずつ入るように，36士官を並べることができるか。

　これは，6次のオイラー方陣がつくれるかという問題です。オイラー自身は，このような方陣は存在しないだろうと予想していました。

　6次のオイラー方陣が存在しないことは，1900年ごろに確かめられました。そして，1960年になって，$n = 2, 6$ の場合を除けば，n 次のオイラー方陣が存在することが示されました。

③〜⑤　ブロックデザイン

　有限個の数の世界の幾何の応用をもう1つ紹介しましょう。次の問題を考えます。

　問題1　A, B, C, D の4種類の試薬があり，こ

の試薬を 1 人の検査官が 2 種類ずつ検査をする。
A, B の 2 種類の組を検査する人が 1 人だけという
ように，どの 2 種類の試薬の組も，検査する人が
1 人だけになるようにしたい。このためには，何人
の検査官にどのように試薬を割り当てればよいか。

　この問題は，いかに効率よく実験をするかという，実験計
画法に関係する「ブロックデザイン」とよばれる問題の一例
です。

　まず，問題 1 の答えを書きましょう。4 種類の試薬 A, B,
C, D を，1〜6 の 6 人の検査官に次のように割り当てると
できます。

1 $\{A,B\}$, 2 $\{A,C\}$, 3 $\{A,D\}$, 4 $\{B,C\}$, 5 $\{B,D\}$, 6 $\{C,D\}$

　問題 1 の検査官の人数は，${}_4\mathrm{C}_2 = 6$ と考えても求まりま
す。割り当ても有限幾何を使わなくても求まりますが，有限
幾何がどのように応用されるかの考え方をこの問題で説明し
ます。

　$\mathbb{F}_2$ の平面では，点が 4 個，直線が 6 本でした。そして，
どの直線上にも 2 点があり，1 つの点を通る直線は 3 本あり
ます。

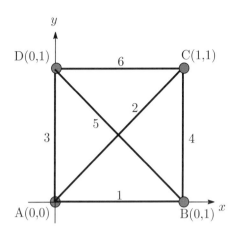

4つの点を試薬，直線を検査官と見ると，問題1，つまり

> 4種類の試薬を1人に2種類ずつ，どの検査官も同
> じ試薬の組み合わせにならないように割り当てる

は，

> 4つの点を1本の直線上に2点ずつ，どの直線上の2点
> も同じ2点の組み合わせにならないように配置する

ということになり，$\mathbb{F}_2$の図は，この条件を満たしていることがわかります。6本の直線を1, 2, 3, 4, 5, 6とすれば，問題1の答えに書いたとおりになります。そして，この割り当てを見ると，「1つの試薬がちょうど3人の検査官にあたっている」こともわかります。これは「1点を通る直線がちょうど3本ある」ということにあたります。

　このように，問題1は$\mathbb{F}_2$の点と直線の問題に帰着できま

す。同じように，次の問題は，$\mathbb{F}_3$ の平面幾何の問題になります。

問題 2　9 種類の試薬があり，この試薬を 1 人の検査官が 3 種類ずつ検査をする。A, B の 2 種類を検査する人が 1 人だけというように，どの 2 種類の試薬も，検査する人が 1 人だけになるようにしたい。このためには，何人の検査官にどのように試薬を割り当てればよいか。

問題 2 の答えは，試薬を $A \sim I$，検査官を $1 \sim 12$ とすると，次のようになります。

$$1 \{A, B, C\}, \ 2 \{D, E, F\}, \ 3 \{G, H, I\},$$
$$4 \{A, D, G\}, \ 5 \{B, E, H\}, \ 6 \{C, F, I\},$$
$$7 \{A, E, I\}, \ 8 \{B, F, G\}, \ 9 \{C, D, H\},$$
$$10 \{A, F, H\}, \ 11 \{B, D, I\}, \ 12 \{C, E, G\}$$

問題 2 は，$\mathbb{F}_3$ の平面幾何で，試薬を点，検査官を直線に対応させれば問題 1 と同じように解くことができます。

これらの問題を一般的に説明しておきましょう。ここに挙げた問題には，5 種類の数が現れています。一般的に書くと，

　v 個の物を b 個のブロックに配置し，どのブロックも k 個の物を含み，どの物も r 個のブロックに属していて，さらにどの 2 つの物をとってもちょうど λ 個のブロックに現れる

という状態になっています。

　問題 1, 問題 2 では v が試薬の数, b が検査官の人数で, 問題 1 では,

$$v = 4, \quad b = 6, \quad k = 2, \quad r = 3, \quad \lambda = 1$$

です。そして問題 2 では,

$$v = 9, \quad b = 12, \quad k = 3, \quad r = 4, \quad \lambda = 1$$

です。このような配置のことを**ブロックデザイン**といいます。この 5 種類の数のあいだに

$$bk = vr, \quad r(k-1) = \lambda(v-1)$$

という関係が成り立ちます。

　この関係式が成り立つので, 5 つの数のうち 3 つが与えられると, 残りの 2 つの数は求めることができます。たとえば問題 1 では, $v = 4$, $k = 2$, $\lambda = 1$ が与えられていることになります。すると, $b = 6$, $r = 3$ が求まり, 検査官が 6 人, 1 つの試薬を 3 人の検査官が検査することが計算でも得られます。

　問題 2 では, $v = 9$, $k = 3$, $\lambda = 1$ が与えられて, $b = 12$, $r = 4$ が求まります。このことから, 検査官が 12 人必要で, 1 つの試薬を 4 人の検査官が検査することになります。

　$\mathbb{F}_p$ の平面幾何の問題では, どの 2 点も 1 つの直線に, しかも 1 つの直線のみに含まれるので, 必ず $\lambda = 1$ の場合を考えることになります。

　そして, $\mathbb{F}_p$ の平面幾何は, 点の数が p^2, 直線の数が $p(p+1)$ であり, 各直線上の点の数が p, 各点を通る直線の数が $p+1$ になるので,

$$v = p^2, \quad b = p(p+1), \quad k = p, \quad r = p+1, \quad \lambda = 1$$

のブロックデザインを与えます。

第4章 美しい平方数の世界

プリムとツァールが説明を見ながら，考えています。

平方数の法則は素数の個性

「なんだろう。$1^2 = 1$, $2^2 = 4$, $3^2 = 9$, ···，整数の 2
乗 (平方) で表される数が平方数だよね」

ツァールが言うと，プリムが答えます。

「ふつうの整数の世界では，そうだね」

「この $\mathbb{F}_3$ の館でも，$1^2 = 1$, $2^2 = 1$ だから，1 が平方
数だ」

「うん。でも，1 が平方数というのは，ふつうの整数の世界
と同じだ」

「確かに」

「3 個の数の世界は数の個数が少ないから，平方数のふしぎ
がわからないね」

「どういうこと？」

「たとえば，0, 1, 2, 3, 4, 5, 6 の 7 個の数の世界では，
$3^2 = 2$ になるから，2 が平方数だ」

「あれっ。本当だ。2 が平方数になっちゃった。ふつうの
整数の世界では平方数じゃない数が，有限個の数の世界では
平方数になる」

「そうだね」

「でも，$\mathbb{F}_3$ の館では，2 は平方数ではない」

「そうか。平方数かどうかが，素数の個性か」

「どういうこと？」

「0, 1, 2, $\cdots$, $p-1$ の p 個の数の世界では，2 が平方数かどうかで，素数が 2 つのグループに分かれるんだよ」

「素数のグループ？　素数は 1 つ 1 つ独立じゃないんだね」

「確かにそうなるね。詳しく調べてみよう」

∞ 4 ∕ 1 ∞　平方数

　本章では，0, 1, 2, $\cdots$, $p-1$ の p 個の数の世界 $\mathbb{F}_p$ の中の平方数について考えます。平方数とは，0^2, 1^2, 2^2, 3^2, $\cdots$ のように整数の 2 乗で表される数です。

　$\mathbb{F}_p$ の平方数は多くの美しい数の世界につながっています。$\mathbb{F}_p$ の中でどのような数が平方数になっているか，さらには与えられた数が平方数になるための条件についても考えていきます。

　$p=5$ として，$\mathbb{F}_5$ のかけ算の表を見てみましょう。

$\times$	1	2	3	4
1	**1**	2	3	4
2	2	**4**	1	3
3	3	1	**4**	2
4	4	3	2	**1**

対角線を見ると，

$$1, \quad 4, \quad 4, \quad 1$$

88

となっています。それぞれ

$$1 \times 1, \quad 2 \times 2, \quad 3 \times 3, \quad 4 \times 4$$

の値です。これらの数が，$\mathbb{F}_5$ の 0 でない平方数のすべて
です。

　対角線には 1 と 4 の 2 つの数が対称に並んでいます。何
か法則がありそうです。

　$p = 7$ の場合も計算してみましょう。$\mathbb{F}_7$ のかけ算の表は
以下のとおりです。

×	1	2	3	4	5	6
1	**1**	2	3	4	5	6
2	2	**4**	6	1	3	5
3	3	6	**2**	5	1	4
4	4	1	5	**2**	6	3
5	5	3	1	6	**4**	2
6	6	5	4	3	2	**1**

対角線に並ぶ数字は，

$$1, \quad 4, \quad 2, \quad 2, \quad 4, \quad 1$$

です。それぞれ

$$1 \times 1, \quad 2 \times 2, \quad 3 \times 3, \quad 4 \times 4, \quad 5 \times 5, \quad 6 \times 6$$

の値です。これらの数が，$\mathbb{F}_7$ の 0 でない平方数のすべて
です。

　ここでも，対角線に 1 と 4 と 2 の 3 つの数が対称に並ん
でいます。

p が奇数の素数のとき，$\mathbb{F}_p$ のかけ算の表の対角線に，平方数がなぜ対称に並んでいるのでしょう。

　平方数が対称に並んでいる理由は，$\mathbb{F}_p$ の数

$$p-1, \quad p-2, \quad \cdots, \quad \frac{p+1}{2}$$

を

$$p-1=-1, \quad p-2=-2, \quad \cdots, \quad \frac{p+1}{2}=-\frac{p-1}{2}$$

のように表せばわかります。このことを具体的な例で示しましょう。

　$p=5$ とします。$\mathbb{F}_5$ では，

$$1+4=0, \quad 2+3=0$$

より，

$$4=-1, \quad 3=-2$$

が成り立ちます。したがって，$\mathbb{F}_5$ の平方数

$$1^2, \quad 2^2, \quad 3^2, \quad 4^2$$

は

$$1^2, \quad 2^2, \quad (-2)^2, \quad (-1)^2$$

となり，

$$1, \quad 4, \quad 4, \quad 1$$

となって，平方数が対称に並びます。

$p = 7$ とします。$\mathbb{F}_7$ では,

$$1 + 6 = 0, \quad 2 + 5 = 0, \quad 3 + 4 = 0$$

より,

$$6 = -1, \quad 5 = -2, \quad 4 = -3$$

が成り立ちます。したがって, $\mathbb{F}_7$ の平方数

$$1^2, \quad 2^2, \quad 3^2, \quad 4^2, \quad 5^2, \quad 6^2$$

は

$$1^2, \quad 2^2, \quad 3^2, \quad (-3)^2, \quad (-2)^2, \quad (-1)^2$$

となり,

$$1, \quad 4, \quad 2, \quad 2, \quad 4, \quad 1$$

となって, 平方数が対称に並びます。

このようにして, $\mathbb{F}_p$ の平方数の列

$$1^2, 2^2, \cdots, \left(\frac{p-1}{2}\right)^2, \left(\frac{p+1}{2}\right)^2, \cdots, (p-2)^2, (p-1)^2$$

は

$$1^2, 2^2, \cdots, \left(\frac{p-1}{2}\right)^2, \left(-\frac{p-1}{2}\right)^2, \cdots, (-2)^2, (-1)^2$$

となり,

$$1^2, 2^2, \cdots, \left(\frac{p-1}{2}\right)^2, \left(\frac{p-1}{2}\right)^2, \cdots, 2^2, 1^2$$

となって，平方数が対称に並ぶことがわかります。

さらに，$a \neq 0$ のとき，$x^2 = a^2$ を満たす数 x が $x = \pm a$ の 2 つであることから，$1^2, 2^2, 3^2, \cdots, \{(p-1)/2\}^2$ が異なることが導かれます。

このことから $1, 2, 3, \cdots, p-1$ の半数が平方数であることがわかります。$x^2 = a^2$ を満たす数 x については，5.3 節で説明します。

以上のことより，次の定理が成り立つことがわかります。

定理 4.1 p を奇数の素数とする。$\mathbb{F}_p$ において，0 は平方数であり，0 以外の数については，ちょうど半分が平方数である。

---

a が $\mathbb{F}_p$ の平方数でないということは，$\mathbb{F}_p$ において，$x^2 = a$ を満たす数 x が存在しないということになります。$\mathbb{F}_5$ の場合では，1 と 4 が平方数で，2 と 3 が平方数ではありませんでした。つまり，$x^2 = 2$ や $x^2 = 3$ を満たす数 x は $\mathbb{F}_5$ の中には存在しません。

今まで見てきたように，負の数にあたる数や逆数は $\mathbb{F}_p$ の中に存在していました。しかし，$x^2 = 2$ を満たす数，つまり 2 の平方根は $\mathbb{F}_5$ の中には存在しません。有理数の平方根が有理数の中に存在するとは限らないように，$\mathbb{F}_p$ の数の平方根は $\mathbb{F}_p$ の世界に存在するとは限らないのです。

有理数の世界に $\sqrt{2}$ のような新しい数である無理数を考

え，実数の世界に $x^2 = -1$ を満たす新しい数である虚数 i を考えて，数の世界を広げてきたのと同様に，有限体 $\mathbb{F}_p$ の世界でも平方数でない数 a に対して，$x^2 = a$ を満たす新しい数を考えて，有限体 $\mathbb{F}_p$ の世界を広げることができます。

そして，この新しい数の世界はまた大きな数学の進展につながっていきます。このことは第8章以降で紹介します。

④ ② オイラーの規準

0, 1, 2 の3つの数の世界 $\mathbb{F}_3$ では，0 を除くと，1 が平方数でした。0, 1, 2, 3, 4 の5つの数の世界 $\mathbb{F}_5$ では，0 を除くと，1, 4 が平方数でした。また，0, 1, 2, 3, 4, 5, 6 の7つの数の世界 $\mathbb{F}_7$ では，0 を除くと，1, 2, 4 が平方数でした。

このように，p の値が小さいときは，平方数であるかどうかは容易に見分けられますが，p が大きくなるとそう簡単ではありません。たとえば，$\mathbb{F}_{41}$ で 2 が平方数であるかどうかは，すぐには答えることができません。

しかし，平方数であるかどうかを判定できる定理があります。それが，これから説明するオイラーの規準です。

$\mathbb{F}_5$ のかけ算の表

×	1	2	3	4
1	1	2	3	4
2	2	4	1	3
3	3	1	4	2
4	4	3	2	1

において，$\mathbb{F}_5$ の平方数と平方数でない数との違いを考えます。

$x^2 = a$ を満たす $\mathbb{F}_5$ の数 x がないとき，a は $\mathbb{F}_5$ の平方数ではありません。平方数でない $a = 2, 3$ の場合に，どのようなことが起こっているでしょうか。

まず，$a = 3$ のときを考えます。どの行もどの列も 1 から 4 が 1 つずつ並んでいるので，どの行にも 3 が現れています。1 行目，2 行目を見ると，

$$1 \times 3 = 3, \quad 2 \times 4 = 3$$

となっています。1, 2, 3, 4 が $xy = 3$ を満たす数の組 $\{x, y\}$ ($x \neq y$) として，$\{1, 3\}$, $\{2, 4\}$ の 2 つに分けられています。2 つの式の左辺どうし，右辺どうしをかけると，

$$(1 \times 3) \times (2 \times 4) = 3^2$$

となって，$4! = 3^2$ となります。ウィルソンの定理 (定理 2.2) より，$4! = -1$ だから，

$$3^2 = -1$$

となります。$a^2 = -1$ が成り立っています。

次に，$a = 2$ の場合を考えます。1 行目と 3 行目を見ると，

$$1 \times 2 = 2, \quad 3 \times 4 = 2$$

となっています。1, 2, 3, 4 が $xy = 2$ を満たす数の組 $\{x, y\}$ ($x \neq y$) として，$\{1, 2\}$, $\{3, 4\}$ の 2 つに分けられています。2 つの式の左辺どうし，右辺どうしをかけると，

$$(1 \times 2) \times (3 \times 4) = 2^2$$

となって，$4! = 2^2$ となります。ウィルソンの定理より，$4! = -1$ だから，

$$2^2 = -1$$

となります。$a^2 = -1$ が成り立っています。

$3^2 = -1$ も $2^2 = -1$ も直接計算すれば求まりますが，$a = 2, 3$ で同じ現象が起こっていることに注意してください。

$a = 4$ としてみましょう。表から

$$1 \times 4 = 4, \quad 2 \times 2 = 4, \quad 3 \times 3 = 4$$

となることがわかります。$a = 2, 3$ とは異なる現象が起こっています。その理由は，4 が平方数だからです。a が平方数の場合は $x^2 = a$ を満たす数 x が存在するので，1, 2, 3, 4 を $xy = a$ を満たす数の組 $\{x, y\}$ $(x \neq y)$ で2つに分けることはできません。

$p = 7$ の場合も計算してみましょう。$\mathbb{F}_7$ のかけ算の表は以下のとおりです。

×	1	2	3	4	5	6
1	1	2	3	4	5	6
2	2	4	6	1	3	5
3	3	6	2	5	1	4
4	4	1	5	2	6	3
5	5	3	1	6	4	2
6	6	5	4	3	2	1

$\mathbb{F}_7$ では 3, 5, 6 が平方数ではありません。

$a = 3$ とします。

$$1 \times 3 = 3, \quad 2 \times 5 = 3, \quad 4 \times 6 = 3$$

となっています。1, 2, 3, 4, 5, 6 は $xy = 3$ を満たす数の組 $\{x, y\}$ $(x \neq y)$ として，$\{1, 3\}$, $\{2, 5\}$, $\{4, 6\}$ の 3 つに分けられます。したがって，

$$6! = (1 \times 3) \times (2 \times 5) \times (4 \times 6) = 3^3$$

となります。ウィルソンの定理より，$6! = -1$ だから，

$$3^3 = -1$$

となり，$a^3 = -1$ が成り立っています。

$a = 5$ とします。表から，

$$1 \times 5 = 5, \quad 2 \times 6 = 5, \quad 3 \times 4 = 5$$

となることがわかります。1, 2, 3, 4, 5, 6 は $xy = 5$ を満たす数の組 $\{x, y\}$ $(x \neq y)$ として，$\{1, 5\}$, $\{2, 6\}$, $\{3, 4\}$ の 3 つに分けられます。

$$6! = (1 \times 5) \times (2 \times 6) \times (3 \times 4) = 5^3$$

となります。ウィルソンの定理より，$6! = -1$ だから，

$$5^3 = -1$$

となり，$a^3 = -1$ が成り立っています。

平方数でない a に対して，まったく同じ現象が起こっています。1, 2, 3, 4, 5, 6 が $xy = a$ を満たす数の組 $\{x, y\}$ $(x \neq y)$

で3つに分けられると,

$$a^3 = -1$$

となります。

　一般に, p を奇数の素数とし, a を平方数でない数としま
す。$x^2 = a$ を満たす数 x がないので, $1, 2, \cdots, p-1$ の
数は, $xy = a$ を満たす数の組 $\{x, y\}$ $(x \neq y)$ で $(p-1)/2$
個に分けられます。そして,

$$(p-1)! = a^{\frac{p-1}{2}}$$

が成り立ちます。ウィルソンの定理より, $(p-1)! = -1$ だ
から,

$$-1 = a^{\frac{p-1}{2}}$$

となります。

　a が平方数の場合は $a = b^2$ とおけるので, フェルマーの
小定理 (定理 2.1) より,

$$a^{\frac{p-1}{2}} = (b^2)^{\frac{p-1}{2}} = b^{p-1} = 1$$

となります。

　まとめると, 次のようになります。

定理 4.2　p を奇数の素数とし, a を $\mathbb{F}_p$ の 0 でない数と
する。a が平方数のとき, $a^{\frac{p-1}{2}} = 1$ が成り立つ。a が
平方数でないとき, $a^{\frac{p-1}{2}} = -1$ が成り立つ。

　定理 4.2 の前半の主張と後半の主張は, それぞれの対偶を

とれば，それぞれ逆の主張も成り立ちます。

ここで，「P が成り立てば Q が成り立つ」という命題の対偶とは，「Q が成り立たなければ P が成り立たない」という命題です。命題が真であれば，その対偶も真です。

こちらも定理としてまとめておきましょう。

定理4.3　p を奇数の素数とし，a を $\mathbb{F}_p$ の 0 でない数とする。$a^{\frac{p-1}{2}} = 1$ ならば，a は平方数である。$a^{\frac{p-1}{2}} = -1$ ならば，a は平方数ではない。

定理 4.2 や定理 4.3 を**オイラーの規準**とよびます。定理 4.2 を言い換えた定理が定理 4.3 なので，2 つの定理は同じ定理です。しかし，本書では，引用する際のわかりやすさを重視して，2 つとも定理として挙げています。また，ふつうの整数の世界におけるオイラーの規準は第 7 章で紹介します。

オイラーの規準 (定理 4.3) を使って，$\mathbb{F}_{11}$，$\mathbb{F}_{41}$ のそれぞれにおいて，2 が平方数であるかどうかを調べましょう。

まず直接計算すると，$\mathbb{F}_{11}$ において，

$$1^2 = 1, \quad 2^2 = 4, \quad 3^2 = 9, \quad 4^2 = 5, \quad 5^2 = 3$$

だから，$\mathbb{F}_{11}$ では，0 を除くと，1, 3, 4, 5, 9 が平方数であり，2 は平方数ではないことがわかります。

オイラーの規準を使うと次のようになります。

$(p-1)/2 = (11-1)/2 = 5$ です。$2^5 = 32 = 3 \times 11 - 1$ より，$\mathbb{F}_{11}$ では，

$$a^{\frac{p-1}{2}} = 2^5 = -1$$

となります。オイラーの規準より，2 が平方数でないことがわかります。

　もう一例，$\mathbb{F}_{41}$ において，2 が平方数であるかどうかを調べましょう。こんどは，$x^2 = 2$ となる x が存在するかどうかを探すのは大変です。そこで，オイラーの規準を用います。$(p-1)/2 = (41-1)/2 = 20$ だから，2^{20} が 1 であるか -1 であるかを求めればよいことになります。

　まず，$2^{10} = 1024 = 25 \times 41 - 1$ より，$\mathbb{F}_{41}$ では

$$2^{10} = -1$$

となります。よって，

$$2^{20} = (2^{10})^2 = (-1)^2 = 1$$

となるので，2 は $\mathbb{F}_{41}$ の平方数であることがわかります。

∞ ④／③　平方剰余の相互法則の第 1 補充法則

　0, 1, 2, $\cdots$, $p-1$ の p 個の数の世界 $\mathbb{F}_p$ の四則演算から，フェルマーの小定理，ウィルソンの定理，オイラーの規準が導かれました。では，これらの定理から何がわかるのでしょうか。

　じつは，これらの定理は「平方剰余の相互法則」という美しい法則に流れ込んでいるのです。平方剰余の相互法則の第 1 補充法則，第 2 補充法則から説明しましょう。

　$\mathbb{F}_p$ では，a が平方数かどうかが，$x^2 = a$ を満たす数 x を探さなくてもわかります。オイラーの規準 (定理 4.3) によ

り，$a^{\frac{p-1}{2}}$ の値を調べればよいからです。$a^{\frac{p-1}{2}} = 1$ になれば a は平方数であり，$a^{\frac{p-1}{2}} = -1$ になれば a は平方数ではありません。

$a = 1$ とします。このとき，$1^2 = 1$ だから，1 は $\mathbb{F}_p$ の平方数です。

$$a^{\frac{p-1}{2}} = 1^{\frac{p-1}{2}} = 1$$

も成り立ちます。

$a = -1$ とします。このとき，

$$a^{\frac{p-1}{2}} = (-1)^{\frac{p-1}{2}}$$

の値は $(p-1)/2$ が偶数か奇数かで決まります。そして $(p-1)/2$ が偶数か奇数かは，p を 4 で割った余りが 1 であるか 3 であるかで決まります。

p を 4 で割って 1 余る素数とします。$(p-1)/2$ は偶数であり，

$$(-1)^{\frac{p-1}{2}} = 1$$

です。よって，-1 は $\mathbb{F}_p$ の平方数です。

p を 4 で割って 3 余る素数とします。$(p-1)/2$ は奇数であり，

$$(-1)^{\frac{p-1}{2}} = -1$$

です。よって，-1 は $\mathbb{F}_p$ の平方数ではありません。

この法則を**平方剰余の相互法則の第 1 補充法則**といいます。

> **定理 4.4**　p が 4 で割って 1 余る素数ならば，-1 は $\mathbb{F}_p$ の平方数である。p が 4 で割って 3 余る素数ならば，-1 は $\mathbb{F}_p$ の平方数ではない。

4 で割って 1 余る素数を小さい順に挙げると，

$$5, \quad 13, \quad 17, \quad 29, \quad \cdots$$

となります。平方剰余の相互法則の第 1 補充法則の前半より，$\mathbb{F}_5, \mathbb{F}_{13}, \mathbb{F}_{17}, \mathbb{F}_{29}, \cdots$ では -1 は平方数であることがわかります。

また，4 で割って 3 余る素数を小さい順に挙げると，

$$3, \quad 7, \quad 11, \quad 19, \quad \cdots$$

となります。平方剰余の相互法則の第 1 補充法則の後半より，$\mathbb{F}_3, \mathbb{F}_7, \mathbb{F}_{11}, \mathbb{F}_{19}, \cdots$ では -1 は平方数でないことがわかります。

p.100 の証明では，-1 が平方数とわかっても，$x^2 = -1$ を満たす数 x はわかりません。じつは，ウィルソンの定理 $(p-1)! = -1$ を利用すると，$x^2 = -1$ を満たす $\mathbb{F}_p$ の数 x を求めるという方針で，定理 4.4 の別の証明が得られます。

平方剰余の相互法則の第 1 補充法則の前半の別の証明

p を 4 で割って 1 余る素数とします。

$$(p-1)! = 1 \times 2 \times \frac{p-1}{2} \times \frac{p+1}{2} \times \cdots \times (p-1)$$

は，ウィルソンの定理 $(p-1)! = -1$ より，

$$-1 = 1 \times \cdots \times \frac{p-1}{2} \times \left(-\frac{p-1}{2}\right) \times \cdots \times (-1)$$

$$-1 = (-1)^{\frac{p-1}{2}} \left\{\left(\frac{p-1}{2}\right)!\right\}^2$$

となります。p は 4 で割って 1 余る素数だから，
$(-1)^{\frac{p-1}{2}} = 1$ となり，

$$-1 = \left\{\left(\frac{p-1}{2}\right)!\right\}^2$$

が成り立ちます。したがって，-1 は平方数です。　　□

　この証明の中で，p が 4 で割って 1 余る素数のとき，$\mathbb{F}_p$ で $x^2 = -1$ を満たす数 x が $x = \{(p-1)/2\}!$ で与えられています。

　また，次に述べるようにオイラーの規準 (定理 4.2, 定理 4.3) は，$\mathbb{F}_p$ において，与えられた数が平方数かどうかを判定するだけでなく，平方数や平方数でない数の性質を明らかにします。

定理 4.5　$\mathbb{F}_p$ の 0 でない数について，

　(平方数) × (平方数) = (平方数)

　(平方数でない数) × (平方数でない数) = (平方数)

　(平方数) × (平方数でない数) = (平方数でない数)

が成り立つ。

証明　a, b を平方数でない数とすると，オイラーの規準 (定

理 4.2) の後半

　　　a が平方数でないとき，$a^{\frac{p-1}{2}} = -1$ が成り立つ

より，

$$(ab)^{\frac{p-1}{2}} = a^{\frac{p-1}{2}} b^{\frac{p-1}{2}} = (-1)(-1) = 1$$

となります。よって，オイラーの規準 (定理 4.3) の前半

　　　$a^{\frac{p-1}{2}} = 1$ が成り立つならば，a は平方数である

より，ab は平方数であることがわかります。
他の場合も同様に示すことができます。　　　　　　　　　　　　□

定理 4.5 から，ただちに次の定理も成り立ちます。

定理 4.6　$\mathbb{F}_p$ の 0 でない数について，

$$\frac{(平方数)}{(平方数)} = (平方数)$$

$$\frac{(平方数でない数)}{(平方数でない数)} = (平方数)$$

$$\frac{(平方数)}{(平方数でない数)} = (平方数でない数)$$

$$\frac{(平方数でない数)}{(平方数)} = (平方数でない数)$$

が成り立つ。

∞ (4)(4) ガウスの補題

0, 1, 2, 3, 4 の 5 つの数の世界 $\mathbb{F}_5$ のかけ算の表を見ましょう。

×	1	2	3	4
1	1	2	3	4
2	2	4	1	3
3	3	1	4	2
4	4	3	2	1

この表において

どの行もどの列も 1, 2, 3, 4 が 1 つずつ並んでいます。

$\mathbb{F}_5$ では

$$3 = -2, \quad 4 = -1$$

です。このことを用いて表を書き直しましょう。

×	1	2	3	4
1	1	2	-2	-1
2	2	-1	1	-2
3	-2	1	-1	2
4	-1	-2	2	1

この表においても,

どの行もどの列も 1, 2, -2, -1 が 1 つずつ並んでいます。

さらに

符号を無視すると，1と2が対称に並んでいます。

ここにも何か法則がありそうです。

$p = 7$ の場合も計算してみましょう。$\mathbb{F}_7$ のかけ算の表は以下のとおりです。

×	1	2	3	4	5	6
1	1	2	3	4	5	6
2	2	4	6	1	3	5
3	3	6	2	5	1	4
4	4	1	5	2	6	3
5	5	3	1	6	4	2
6	6	5	4	3	2	1

$\mathbb{F}_7$ では

$$4 = -3, \quad 5 = -2, \quad 6 = -1$$

が成り立ちました。表を書き直すと，

×	1	2	3	4	5	6
1	1	2	3	-3	-2	-1
2	2	-3	-1	1	3	-2
3	3	-1	2	-2	1	-3
4	-3	1	-2	2	-1	3
5	-2	3	1	-1	-3	2
6	-1	-2	-3	3	2	1

となります。

どの行もどの列も 1, 2, 3, -3, -2, -1 が1つ

ずつ並んでいます。

さらに

　符号を無視すると，1 と 2 と 3 が対称に並んでいます。

なぜこのような現象が起こるのでしょうか。

　p を奇数の素数とします。$\mathbb{F}_p$ のかけ算の表は，

　　　　　　どの行もどの列も相異なる数が並ぶ

ので，

　　どの行もどの列も 1, 2, $\cdots$, $p-1$ が並びます。

　ここで，$\mathbb{F}_p$ では

$$\frac{p+1}{2} = -\frac{p-1}{2}, \quad \cdots, \quad p-1 = -1$$

が成り立つので，かけ算の表を書き直すと，

どの行もどの列も ± 1, ± 2, $\cdots$, $\pm(p-1)/2$ が並びます。

　さらに，数 k の列 $(k = 1, 2, \cdots, (p-1)/2)$ と数 $p-k$ の列が対称な位置にあります。

$$a \times (p-k) = a \times (-k) = -(a \times k)$$

だから，数 a の行において，数 k の列と数 $p-k$ の列は符号だけが異なります。

　以下，この節では，

$$\frac{p+1}{2} = -\frac{p-1}{2}, \quad \cdots, \quad p-1 = -1$$

を用いて書き直した表を，$\mathbb{F}_p$ のかけ算の表とします。

このかけ算の表では，符号を無視すると，1, 2, 3, $\cdots$, $(p-1)/2$ が左右対称に並ぶので，表の左半分，つまり 1 の列から $(p-1)/2$ の列に注目します。

$p = 5$ のとき，$(p-1)/2 = 2$ です。$\mathbb{F}_5$ のかけ算の表の 1 の列，2 の列は

$\times$	1	2
1	1	2
2	2	$-\mathbf{1}$
3	$-\mathbf{2}$	1
4	$-\mathbf{1}$	$-\mathbf{2}$

でした。符号に着目すると，1 の行と 4 の行は負の数が偶数個あります (0 個は偶数個と見なしています)。

2 の行と 3 の行は負の数が奇数個あります。1 と 4 は $\mathbb{F}_5$ の平方数，2 と 3 は $\mathbb{F}_5$ の平方数ではありません。ここにも，何か法則がありそうです。

$p = 7$ の場合も調べてみましょう。このとき $(p-1)/2 = 3$ です。$\mathbb{F}_7$ のかけ算の表の 1 の列，2 の列，3 の列は

$\times$	1	2	3
1	1	2	3
2	2	-3	-1
3	3	-1	2
4	-3	1	-2
5	-2	3	1
6	-1	-2	-3

でした。1 の行，2 の行，4 の行に負の数が偶数個現れています。1, 2, 4 は平方数でした。3 の行，5 の行，6 の行は負の数が奇数個現れています。3, 5, 6 は平方数ではありませんでした。$p = 5$ のときと同じ法則が成り立っているようです。

　p を奇数の素数として，$\mathbb{F}_p$ のこのようなかけ算の表の左半分に注目したとき，数 a の行に現れる負の数の個数を t とおきます。$\mathbb{F}_5$ と $\mathbb{F}_7$ のかけ算の表では，t が偶数ならば a が平方数であり，t が奇数ならば a が平方数ではない，となっています。一般の $\mathbb{F}_p$ でも成り立つのでしょうか。

　このことは正しく，次のようにして示せます。まず，かけ算の表の左半分は，符号を無視すると，$1, 2, 3, \cdots, (p-1)/2$ が並びます。符号を考えると，数 a の行には負の数が t 個あるので，

$$(a \times 1) \times \cdots \times (a \times \frac{p-1}{2}) = (-1)^t \left(\frac{p-1}{2} \right)!$$

が成り立ちます。両辺を $\{(p-1)/2\}!$ で割ると，

$$a^{\frac{p-1}{2}} = (-1)^t$$

が成り立ちます。これより，t が偶数ならば $a^{\frac{p-1}{2}} = 1$ であり，t が奇数ならば $a^{\frac{p-1}{2}} = -1$ です。このことはオイラーの規準 (定理 4.3)

> p を奇数の素数とし，a を $\mathbb{F}_p$ の 0 でない数とする。$a^{\frac{p-1}{2}} = 1$ ならば，a は平方数である。$a^{\frac{p-1}{2}} = -1$ ならば，a は平方数ではない

を用いて，次のようにまとめられます。

定理 4.7　p を奇数の素数とする。このとき，t が偶数ならば a は平方数である。t が奇数ならば a は平方数ではない。

　この定理は，ガウスが平方剰余の相互法則の証明をするために示したもので，**ガウスの補題**とよばれています。

　カール・フリードリッヒ・ガウス (1777-1855) はドイツの数学者です。ガウスは史上最大の数学者のひとりであるといって異論を唱える人はいません。数論をはじめ，数学の広い分野にわたって研究をおこなっています。

　早くからその才能を発揮し，15 歳か 16 歳のときに，現在素数定理とよばれている素数の分布についての法則を予想しました。また 17 歳のときに，平方剰余の相互法則の第 1 補充法則を証明し，18 歳のときに自ら「黄金定理」とよんだ平方剰余の相互法則を証明しています。19 歳で正多角形の作図がフェルマー素数と関係があることを示し，正多角形の

作図問題を完全に解決しました。

　また22歳で，すべての代数方程式は複素数の中で解けるという代数学の基本定理を証明しました。24歳で『整数論』を出版して合同式を導入し，これまでの自分の研究を述べています。その後，他の分野でも多くの重要な研究を残しました。

　本書では，ガウスの研究として，ガウスの補題の他，平方剰余の相互法則，その第1補充法則，第2補充法則，合同式について紹介しています。主に第4章と第7章で登場します。

④ ∞ ⑤　平方剰余の相互法則の第2補充法則

　平方剰余の相互法則の第1補充法則は，-1 が $\mathbb{F}_p$ において平方数であるかどうかを示す法則でした。この節では，

$$2 \text{ が } \mathbb{F}_p \text{ において平方数であるかどうか}$$

という問題を考えます。

　4.2節で，オイラーの規準 (定理4.3) を使って，2 が $\mathbb{F}_{11}$ や $\mathbb{F}_{41}$ で平方数であるかどうかを調べました。オイラーの規準を使えば，2 が $\mathbb{F}_p$ で平方数であるかどうかは，$2^{\frac{p-1}{2}}$ の値が 1 か -1 かによって決まることがわかります。では，

　$\mathbb{F}_p$ で $2^{\frac{p-1}{2}} = 1$ を満たす素数 p はどのような素数でしょうか。また，$2^{\frac{p-1}{2}} = -1$ を満たす素数 p はどのような素数でしょうか。

ここでは，ガウスの補題 (定理 4.7) を用いて，この問題を解きます。

p を奇数の素数として，

$$2 \times 1, \quad 2 \times 2, \quad \cdots, \quad 2 \times \frac{p-1}{2}$$

の値のうち，$(p+1)/2, \cdots, p-1$ のいずれかと一致する数を

$$\frac{p+1}{2} = -\frac{p-1}{2}, \quad \cdots, \quad p-1 = -1$$

を用いて書き直し，現れる負の数の個数を t とおきます。ガウスの補題より，t が偶数ならば，2 が平方数であり，t が奇数ならば，2 が平方数ではありません。

どのような素数 p に対して t が偶数になるか，あるいは奇数になるかを考えていきます。

まず，$p=5$ として $\mathbb{F}_5$ の場合を考えてみましょう。

$(p-1)/2 = 2$ より，

$$2 \times 1 = 2, \quad 2 \times 2 = 4 = -1$$

だから，$t = 1$ となります。t が奇数だから，ガウスの補題より，$\mathbb{F}_5$ で 2 は平方数でないことがわかります。

次に，$p=7$ として $\mathbb{F}_7$ の場合を考えます。

$(p-1)/2 = 3$ より，

$$2 \times 1 = 2, \quad 2 \times 2 = 4 = -3, \quad 2 \times 3 = 6 = -1$$

だから，$t = 2$ です。t が偶数だから，ガウスの補題より，

$\mathbb{F}_7$ で 2 は平方数であることがわかります。

　p の値によって，2 が $\mathbb{F}_p$ の平方数かどうかが変わってきます。

　一般の $\mathbb{F}_p$ について考えてみましょう。

$$2 \times 1, \quad 2 \times 2, \quad 2 \times 3, \quad \cdots, \quad 2 \times \frac{p-1}{2}$$

の値のうち，$(p+1)/2, \cdots, p-1$ のいずれかと一致する数を

$$\frac{p+1}{2} = -\frac{p-1}{2}, \quad \cdots, \quad p-1 = -1$$

を用いて書き直し，現れる負の数の個数 t を数えます。そのために値が $1, 2, \cdots, (p-1)/2$ のいずれかと一致する数の個数を $(p-1)/2$ から引きます。

　p を 4 で割って 1 余る素数とします。このとき，

$$2 \times 1 = 2, \quad 2 \times 2 = 4, \quad \cdots, \quad 2 \times \boldsymbol{\frac{p-1}{4}} = \frac{p-1}{2}$$

であり，残りの

$$2 \times \frac{p+3}{4} = \frac{p+3}{2}, \quad \cdots, \quad 2 \times \frac{p-1}{2} = p-1$$

に負の数

$$-\frac{p-3}{2}, \quad \cdots, \quad -1$$

が現れます。よって,

$$t = \frac{p-1}{2} - \frac{p-1}{4} = \frac{p-1}{4}$$

となります。t が偶数になるのは p が 8 で割って 1 余る素数のときで, 奇数になるのは p が 8 で割って 5 余る素数のときです。

p を 4 で割って 3 余る素数とします。このとき,

$$2 \times 1 = 2, \quad 2 \times 2 = 4, \quad \cdots, \quad 2 \times \frac{p-3}{4} = \frac{p-3}{2}$$

であり, 残りの

$$2 \times \frac{p+1}{4} = \frac{p+1}{2}, \quad \cdots, \quad 2 \times \frac{p-1}{2} = p-1$$

に負の数

$$-\frac{p-1}{2}, \quad \cdots, \quad -1$$

が現れます。よって,

$$t = \frac{p-1}{2} - \frac{p-3}{4} = \frac{p+1}{4}$$

となります。t が偶数になるのは p が 8 で割って 7 余る素数のときで, 奇数になるのは p が 8 で割って 3 余る素数のときです。

以上のことをまとめて, 次の定理が得られます。

定理 4.8　p が 8 で割って 1 または 7 余る素数ならば，2 は $\mathbb{F}_p$ の平方数である。p が 8 で割って 3 または 5 余る素数ならば，2 は $\mathbb{F}_p$ の平方数ではない。

　この定理を**平方剰余の相互法則の第 2 補充法則**といいます。

　定理 4.8 の前半を直接計算して確かめてみましょう。8 で割って 1 または 7 余る素数を小さい順に挙げると，

$$7, \quad 17, \quad 23, \quad 31, \quad \cdots$$

となります。

　$p = 7$ のとき，$\mathbb{F}_7$ では

$$3^2 = 2$$

となり，2 は $\mathbb{F}_7$ の平方数です。

　$p = 17$ のとき，$\mathbb{F}_{17}$ では

$$6^2 = 2$$

となり，2 は $\mathbb{F}_{17}$ の平方数です。

　$p = 23$ のとき，$\mathbb{F}_{23}$ では

$$5^2 = 2$$

となり，2 は $\mathbb{F}_{23}$ の平方数です。

　確かに，平方剰余の相互法則の第 2 補充法則が成り立っています。

　これまで見てきたように，オイラーの規準とガウスの補題を使えば，$\mathbb{F}_p$ において -1 や 2 が平方数であるかどうかが

わかりました。$-2, 3, -3, -4, 5, -5, \cdots$ についても，同様の方法で法則を示せますが，しだいに場合分けが多くなり繁雑になります。

　一般には，平方剰余の相互法則という形にまとめられます。このことは 7.5 節で紹介します。

$\mathbb{F}_3$ の館にいるプリムとツァールが隣の部屋に移動すると，壁に

有限個の数の世界の代数

と書かれていました。

「プリム，代数って何？」

ツァールが話しかけます。

「代数は数や式の法則のことだね」

「数式はなんのためにあるの？」

「数のふしぎを表すためかな。たとえば，$x^2 = a$ を満たす x があると，a は平方数だ」

「$x^3 = a$ を満たす x があると a は立方数！」

「そのとおり」

「$x^2 = a$ を満たす x がないと a は平方数ではない！」

「そうだね」

「数だけでなく，2次式や方程式にも法則があるの？」

「うん，たぶんある。ふつうの数の世界では，数と方程式は深い関係があるんだ」

「たとえば？」

「そうだね。因数定理はどうだろう。多項式の因数と方程式を満たす数に関係がある」

「なるほど。この館の数の世界にも，多項式や因数定理があ

るの？」

「たぶんある。$\mathbb{F}_p$ も，ふつうの数と同じように四則演算ができるんだから」

ツァールはプリムの説明を聞くと，壁にメモを書き始めました。

ふつうの数の世界の多項式や方程式と同じことが起こる

⑤①　$\mathbb{F}_p$ 係数の多項式

多項式には，$x^2 + 2x + 3$ のような整数係数の多項式をはじめ，$x^2 + \dfrac{1}{2}x + \dfrac{1}{3}$ のような有理数係数の多項式，$x^2 + \sqrt{2}x + \sqrt{3}$ のような実数係数の多項式，$x^2 + (1+i)x + 2i$ のような複素数係数の多項式があります。

では，有限体の数を係数とする多項式とはどのようなものなのでしょう。ふつうの数を係数とする多項式と，どのような違いがあるのでしょうか。

$0, 1, 2, \cdots, p-1$ の p 個の数の世界 $\mathbb{F}_p$ において，$\mathbb{F}_p$ 係数の多項式とはどのような多項式であるかを考えましょう。最初にわかることは，有限個の数の世界では，係数となる数も有限個で，与えられた次数の $\mathbb{F}_p$ 係数の多項式は有限個しかないということです。

まず，$p = 2$ として，$\mathbb{F}_2$ 係数の多項式から見てみましょう。

0 次式，つまり 0 でない定数は 1 です。0 は特別な数なので分けて考えます。

1 次式は $ax + b$ の形をしています。したがって，1 次式は $a = 1, b = 0, 1$ の場合の

$$x, \quad x + 1$$

の 2 個だけです。$x - 1$ や $-x + 1$ のような多項式も考えられますが，$\mathbb{F}_2$ では $1 + 1 = 0$ であり，$-1 = 1$ だから，ともに $x + 1$ になります。

2 次式は $ax^2 + bx + c$ の形で，$a = 1, b = 0, 1, c = 0, 1$ だから，

$$x^2, \quad x^2 + 1, \quad x^2 + x, \quad x^2 + x + 1$$

の 4 個です。

3 次式は，$ax^3 + bx^2 + cx + d$ で，$a = 1, b = 0, 1, c = 0, 1, d = 0, 1$ だから，

$$x^3, \quad x^3 + 1, \quad x^3 + x, \quad x^3 + x + 1,$$
$$x^3 + x^2, \quad x^3 + x^2 + 1, \quad x^3 + x^2 + x, \quad x^3 + x^2 + x + 1$$

の 8 個です。

一般に $\mathbb{F}_2$ 係数の n 次式は 2^n 個あります。

$p = 3$ のとき，$\mathbb{F}_3$ 係数の多項式も同じように考えると，1 次式は

$$x, \quad x + 1, \quad x + 2, \quad 2x, \quad 2x + 1, \quad 2x + 2$$

の 6 個です。一般に $\mathbb{F}_3$ 係数の n 次式は，2×3^n 個あります。

同様に考えて，$\mathbb{F}_p$ 係数の n 次式は，$(p - 1) \times p^n$ 個あります。n 次の係数が，0 を除く $p - 1$ 個の数，その他の係数

は p 個の数の可能性があるからです。とくに，最高次の係数が 1 の n 次式は p^n 個あります。

⑤ ② 多項式の因数分解

ふつうの整数を係数とする多項式の因数分解を考えてみましょう。

2 次式 $x^2 - 1$，$x^2 - 3x + 2$ は，それぞれ

$$x^2 - 1 = (x+1)(x-1), \quad x^2 - 3x + 2 = (x-1)(x-2)$$

のように因数分解できます。

では，3 次式 $x^3 - 6x^2 + 11x - 6$ はどのように因数分解できるでしょうか。$f(x) = x^3 - 6x + 11x - 6$ とおいて，$f(1)$ を計算すると

$$f(1) = 1 - 6 + 11 - 6 = 0$$

となるので，$f(x)$ は $x - 1$ を因数にもつことがわかります。$f(x)$ を $x - 1$ で割ると，商として $x^2 - 5x + 6$ が得られ，

$$f(x) = (x-1)(x^2 - 5x + 6)$$

となります。そして，2 次式 $x^2 - 5x + 6$ がさらに因数分解でき，

$$f(x) = (x-1)(x-2)(x-3)$$

となります。ここで使われたのは次の因数定理です。

定理 5.1　$f(x)$ が 1 次式 $x - \alpha$ で割り切れるならば，$f(\alpha) = 0$ である。逆に，$f(\alpha) = 0$ ならば，$f(x)$ は $x - \alpha$ で割り切れる。

証明　前半は，$f(x) = (x - \alpha)g(x)$ とおくと明らかです。後半は次のように示すことができます。$f(x)$ を 1 次式 $x - \alpha$ で割った商を $g(x)$，余りを r とすると

$$f(x) = (x - \alpha)g(x) + r$$

と表すことができます。$x = \alpha$ を代入すると，

$$f(\alpha) = (\alpha - \alpha)g(\alpha) + r = r$$

で，仮定 $f(\alpha) = 0$ より，$r = 0$ となります。したがって

$$f(x) = (x - \alpha)g(x)$$

が成り立ち，$x - \alpha$ を因数にもつことがわかります。　　□

　この証明では，多項式の係数である整数に足し算とかけ算があることのみが用いられています。$\mathbb{F}_p$ にも足し算とかけ算があるので，$\mathbb{F}_p$ の数が係数であっても定理 5.1 が成り立ちます。

　整数係数の多項式には，係数が整数の範囲で因数分解できない多項式があります。たとえば，$x^2 - 2$ は係数が整数の範囲では因数分解できません。

　このように，因数分解できない多項式を**既約な多項式**とい

います。ただし，係数の範囲を広げれば，因数分解が可能になります。係数の範囲を実数に広げると，$x^2 - 2$ は

$$x^2 - 2 = (x + \sqrt{2})(x - \sqrt{2})$$

のように因数分解できます。

　しかし，係数を実数まで広げても因数分解できない多項式が存在します。たとえば $x^2 + 1$ は，係数が実数の範囲では因数分解できません。この式を因数分解するためには，係数を複素数に広げる必要があります。そうすると，

$$x^2 + 1 = (x + i)(x - i)$$

のように因数分解できます。ここで i は，虚数単位 $\sqrt{-1}$ です。

　複素数係数の多項式は必ず 1 次の因数をもち，定理 5.1 の因数定理を使って因数分解することができます。つまり，複素数係数の多項式は 1 次式の積に因数分解できます。このことから，n 次方程式は重複を許して n 個の解をもつことがわかります。この事実を**代数学の基本定理**とよびます。

　では，$\mathbb{F}_2$ 係数の多項式の因数分解を考えましょう。$x^2 + 1$ は $\mathbb{F}_2$ で因数分解できるでしょうか。

　$x = 0$ を代入すると $0 + 1 = 1$ で 0 にならないので，$x^2 + 1$ は x を因数にもちません。$x = 1$ を代入すると $1 + 1 = 0$ になります。したがって，$x^2 + 1$ は $x - 1$ を因数にもつことがわかります。

　$\mathbb{F}_2$ では $x - 1 = x + 1$ です。$x^2 + 1$ を $x + 1$ で割ると商は $x + 1$ になるので，

$$x^2 + 1 = (x + 1)^2$$

と因数分解できることがわかります。$x^2 + 1$ は整数，実数の範囲では因数分解できなかったのですが，$\mathbb{F}_2$ では因数分解できるのです。

　整数の範囲で因数分解できる多項式は，$\mathbb{F}_2$ でも因数分解できます。たとえば，$x^2 + x$ は整数の範囲でも $\mathbb{F}_2$ でも

$$x^2 + x = x(x + 1)$$

のように因数分解できます。

　$x^2 + x + 1$ は，$x = 0$ とすると $0 + 0 + 1 = 1$，$x = 1$ とすると $1 + 1 + 1 = 1$ となり，0 にならないので，因数分解できません。$x^2 + x + 1$ は $\mathbb{F}_2$ で既約な多項式です。

　2 次以上の既約な多項式は，$\mathbb{F}_p$ の数でない新しい数を定めます。このことは第 8 章で説明します。

⑤∞③　方程式の解の個数

　$0, 1, 2, \cdots, p - 1$ の p 個の数の世界 $\mathbb{F}_p$ で 1 次方程式

$$ax + b = 0 \quad (a \neq 0)$$

を考えます。$\mathbb{F}_p$ には四則演算があるので，$\mathbb{F}_p$ の範囲で

$$x = -\frac{b}{a}$$

という解をもちます。$\mathbb{F}_p$ 係数の 1 次方程式は，$\mathbb{F}_p$ に 1 つの解をもちます。たとえば，$\mathbb{F}_3$ で 1 次方程式 $2x + 1 = 0$

は解 $x = -1/2 = 1$ をもちます。

　k を 0 でない $\mathbb{F}_p$ の数として，4.1 節で登場した 2 次方程式 $x^2 = k^2$ を考えましょう。

$$x^2 - k^2 = 0$$

の左辺は因数分解でき，

$$(x - k)(x + k) = 0$$

となります。

　この因数分解から $x = \pm k$ が解になることがいえます。次の性質があるからです。

$\mathbb{F}_p$ のかけ算の性質　$ab = 0$ ならば，$a = 0$ または $b = 0$

　x を $(x - k)(x + k) = 0$ を満たす $\mathbb{F}_p$ の数とすると，「$\mathbb{F}_p$ のかけ算の性質」より，$x - k = 0$ または $x + k = 0$ となり，$x = \pm k$ が得られます。

　一般の $\mathbb{F}_p$ 係数の 2 次方程式

$$ax^2 + bx + c = 0 \quad (a \neq 0)$$

はどうでしょう。因数定理を用いて考えてみましょう。

　α を $\mathbb{F}_p$ の数として，$ax^2 + bx + c = 0$ が $\mathbb{F}_p$ の数 α を解にもったとすると，$ax^2 + bx + c$ が $x - \alpha$ を因数にもち，

$$ax^2 + bx + c = a(x - \alpha)(x - \beta)$$

のように因数分解できます。$c = a\alpha\beta$ より，$\beta = c/(a\alpha)$ で，β も $\mathbb{F}_p$ の数です。

　$x^2 - k^2 = 0$ の場合と同様にして，「$\mathbb{F}_p$ のかけ算の性質」

より，この因数分解から $x = \alpha$, β が解になることがいえます。

2次方程式が $\mathbb{F}_p$ に解をもたない場合や，重解をもつ場合も合わせて，$\mathbb{F}_p$ 係数の2次方程式は，$\mathbb{F}_p$ に2個以下の解をもつことがわかります。

一般に $\mathbb{F}_p$ 係数の方程式について，次の定理が成り立ちます。

定理 5.2　$\mathbb{F}_p$ 係数の n 次方程式は，$\mathbb{F}_p$ に n 個以下の解をもつ。

証明　数学的帰納法で証明します。$n = 1$, 2 のときは，すでに示したとおりです。$n = k$ $(k \geq 2)$ で定理が成り立ったとし，$n = k + 1$ の場合を考えます。

$k + 1$ 次方程式 $f(x) = 0$ が $\mathbb{F}_p$ に解をもたなければ，解の個数は0個で $k + 1$ 以下です。$k + 1$ 次方程式 $f(x) = 0$ が $\mathbb{F}_p$ に解 α をもつとします。このとき，因数定理より，

$$f(x) = (x - \alpha)g(x)$$

と因数分解できます。「$\mathbb{F}_p$ のかけ算の性質」より，$f(x) = 0$ の解は $x = \alpha$ または $g(x) = 0$ の解です。$g(x)$ は k 次式だから，帰納法の仮定により，$g(x) = 0$ の解は k 個以下です。よって，$f(x) = 0$ の解は $k + 1$ 個以下です。

以上により，すべての n について定理が示されました。　□

0, 1, 2, $\cdots$, $p - 1$ の p 個の数の世界 $\mathbb{F}_p$ は，ふつうの数の世界と同じように四則演算ができる数の世界です。した

がって，ふつうの数の世界と同じように多項式や因数分解が
あって，方程式もふつうの数の世界と同じように解くことが
できます。

∞ ⑤ ④ $x^{p-1} - 1$ の因数分解の威力

$0, 1, 2, \cdots, p-1$ の p 個の数の世界 $\mathbb{F}_p$ で，多項式の因
数分解はどのような実りをもたらしてくれるのでしょうか。

フェルマーの小定理 (定理 2.1)

$$a^{p-1} = 1 \quad (a \text{ は } \mathbb{F}_p \text{ の } 0 \text{ でない数})$$

を言い換えると，$\mathbb{F}_p$ の 0 でない数のすべてが方程式
$x^{p-1} - 1 = 0$ を満たすといえます。そこで，因数定理より，
$x^{p-1} - 1$ は $x-1, x-2, \cdots, x-(p-1)$ を因数にもつこ
とがわかります。$p-1$ 次式が $p-1$ 個の因数をもち，x^{p-1}
の係数が 1 だから，

$$x^{p-1} - 1 = (x-1)(x-2) \cdots \{x-(p-1)\}$$

と因数分解できます。このことは興味深い定理を生み出し
ます。詳しく調べていきましょう。

まず，ウィルソンの定理 (定理 2.2)

$$(p-1)! = -1$$

の別の証明が得られます。

ウィルソンの定理の別の証明 $(p \neq 2)$

p を奇数の素数として証明します。

$$x^{p-1} - 1 = (x-1)(x-2)\cdots\{x-(p-1)\}$$

の両辺に $x = 0$ を代入すると,

$$-1 = (-1)(-2)\cdots\{-(p-1)\} = (-1)^{p-1}(p-1)!$$

となります。

p が奇数だから, $p-1$ は偶数で, $(-1)^{p-1} = 1$ です。よって,

$$-1 = (p-1)!$$

となります。　　　　　　　　　　　　　　　　　　　　□

次に, $x^{p-1} - 1$ の因数分解を用いて, 方程式の解の個数を調べましょう。

> **定理 5.3**　　最高次の係数が 1 である d 次式 $f(x)$ が $x^{p-1} - 1$ を割り切るとき, d 次方程式 $f(x) = 0$ は $\mathbb{F}_p$ にちょうど d 個の解をもつ。

証明　$x^{p-1} - 1$ を $f(x)$ で割った商を $g(x)$ とします。

$$x^{p-1} - 1 = (x-1)(x-2)\cdots\{x-(p-1)\}$$

の左辺が $f(x)g(x)$ と因数分解できるので, $f(x)$ が $p-1$ 個の 1 次式 $x-1$, $x-2$, $\cdots$, $x-(p-1)$ のうち d 個の 1 次式の積で表され, $g(x)$ が残りの $p-1-d$ 個の 1 次式の積で表されます。よって, $f(x) = 0$ はちょうど d 個の解をもち, $g(x) = 0$ はちょうど $p-1-d$ 個の解をもつことがわ

かります。　　　　　　　　　　　　　　　　□

　$p-1$ の約数を d とするとき，$p-1 = dn$ とおくと

$$x^{p-1} - 1 = x^{dn} - 1 = (x^d)^n - 1$$

となります。因数分解の公式

$$a^n - 1 = (a-1)(a^{n-1} + a^{n-2} + \cdots + a + 1)$$

において，a に x^d を代入すると，

$$(x^d)^n - 1 = (x^d - 1)\{(x^d)^{n-1} + (x^d)^{n-2} + \cdots + x^d + 1\}$$

となります。これより，

$$x^{p-1} - 1 = (x^d - 1)(x^{d(n-1)} + x^{d(n-2)} + \cdots + x^d + 1)$$

が成り立ちます。

　したがって，$x^d - 1$ は $x^{p-1} - 1$ を割り切ります。よって，定理 5.3 より，$x^d - 1 = 0$ の解はちょうど d 個です。

定理 5.4　d が $p-1$ を割り切るとき，d 次方程式 $x^d - 1 = 0$ は $\mathbb{F}_p$ にちょうど d 個の解をもつ。

　定理 5.3 からオイラーの規準 (定理 4.3)

　p を奇数の素数とし，a を $\mathbb{F}_p$ の 0 でない数とする。$a^{\frac{p-1}{2}} = 1$ ならば，a は平方数である。$a^{\frac{p-1}{2}} = -1$ ならば，a は平方数ではない

の別の証明が得られます。

別の証明を見つけることは，川の源流を探す旅に似ています。その定理がどこからやってくるのかがわかれば，どのように発展していくのかも見えてきます。

定理 4.3 の前半の別の証明

前半の

$$a^{\frac{p-1}{2}} = 1 \text{ ならば，} a \text{ が平方数である}$$

を示します。

$a^{\frac{p-1}{2}} = 1$ より，

$$x^{p-1} - 1 = (x^2)^{\frac{p-1}{2}} - a^{\frac{p-1}{2}}$$

となります。ここで，因数分解の公式

$$b^n - a^n = (b - a)(b^{n-1} + b^{n-2}a + \cdots + ba^{n-2} + a^{n-1})$$

に $b = x^2$, $n = (p-1)/2$ を代入すると

$$(x^2)^{\frac{p-1}{2}} - a^{\frac{p-1}{2}}$$
$$= (x^2 - a)\{(x^2)^{\frac{p-1}{2}-1} + a(x^2)^{\frac{p-1}{2}-2} + \cdots + a^{\frac{p-1}{2}-1}\}$$

が成り立ちます。$x^{p-1} - 1 = (x^2)^{\frac{p-1}{2}} - a^{\frac{p-1}{2}}$ だから，$x^2 - a$ が $x^{p-1} - 1$ を割り切ります。よって，定理 5.3 より，$x^2 - a = 0$ は 2 個の解をもちます。したがって，$x^2 = a$ を満たす数 x が存在するので，a は平方数です。 □

平方数のことを 2 乗数ともいいます。一般に，$a = b^d$ となる数 b が存在するときに a は **d 乗数**であるといいます。

　上の証明の考え方を用いると，オイラーの規準 (定理 4.2,
定理 4.3) が d 乗数の場合に一般化されます。

定理 5.5　a を $\mathbb{F}_p$ の 0 でない数とし，$p-1=de$ とお
く。a が d 乗数ならば，$a^e = 1$ である。また，$a^e = 1$
ならば，a は d 乗数である。

　定理 5.5 において $d = 2$, $e = (p-1)/2$ とすると，オイ
ラーの規準が得られます。2 乗数は平方数です。定理 5.5 の
前半が，「a が平方数ならば，$a^{\frac{p-1}{2}} = 1$ である」になり，定
理 4.2 の前半にあたります。定理 5.5 の後半が「$a^{\frac{p-1}{2}} = 1$
ならば，a は平方数である」になり，定理 4.3 の前半にあた
ります。

証明　a が d 乗数ならば，$a = b^d$ を満たす $\mathbb{F}_p$ の数 b があり
ます。$p-1=de$ であることと，フェルマーの小定理より，

$$a^e = b^{de} = b^{p-1} = 1$$

となり，a が d 乗数ならば，$a^e = 1$ が成り立ちます。
　逆に，$a^e = 1$ とすると，

$$x^{p-1} - 1 = x^{de} - a^e = (x^d)^e - a^e$$
$$= (x^d - a)(x^{d(e-1)} + ax^{d(e-2)} + \cdots + a^{e-2}x^d + a^{e-1})$$

が成り立ちます。$x^d - a$ が $x^{p-1} - 1$ を割り切るので，定理
5.3 より，$x^d - a = 0$ は d 個の解をもちます。したがって，
$x^d = a$ を満たす $\mathbb{F}_p$ の数 x が存在するので，a は d 乗数で
す。　　　　　　　　　　　　　　　　　　　　　　□

e が $p-1$ を割り切るとき，定理 5.4 より，$a^e = 1$ を満たす a は e 個あるので，定理 5.5 より，0 でない d 乗数 a は e 個あります。$d = 2$ のとき，$e = (p-1)/2$ だから，このことは定理 4.1

> p を奇数の素数とするとき，$\mathbb{F}_p$ において，0 以外
> の数のちょうど半分が平方数である

の一般化になっています。このように定理を一般化することで，現象の本質が見えてきます。

$\mathbb{F}_3$ の館にいるプリムがツァールと話し続けています。

「四則演算と因数定理は，有限個の数の世界とふつうの数の世界に共通だ」

ツァールは納得していますが，興味は尽きません。

「じゃあ，違いはないの？」

「わからない。でも，有限と無限は違うから，何か違いがあるはずだ」

こんどはプリムが，壁に書き始めました。

有限個の数の世界にあって，ふつうの数の世界にないもの

「わかった！ $1 + 1 + 1 = 0$。1を繰り返し足すと0になる」

ツァールが答えます。プリムは考え込んでいます。

「はい！」

ツァールは手を挙げて答えます。

「$2^2 = 1$。2を繰り返しかけると1になる」

プリムはまだ考え込んでいます。

「どうしたの？」

「ちょっと考えさせて」

ツァールの答えを聞きながら，プリムは次のように考えていました。

「$2^1 = 2, 2^2 = 1$ だから，2を繰り返しかけると，0でな

いすべての数が現れている。これは，ふつうの整数の世界では成り立たない現象だ。有限個の数の世界ではいつも成り立つのだろうか？」

プリムはツァールをじっと見て言いました。

「まだ他にもあるんじゃないかな」

「何かわかったんだね」

プリムはうなずくと，数 a の n 乗の計算を始めました。ツァールは興味津々です。

6)(1) a^n のふしぎ（行の話）

0, 1, 2, $\cdots$, $p-1$ の p 個の数の世界 $\mathbb{F}_p$ で，数 a のべき乗 a^n を調べてみましょう。

ふつうの数の世界では a, a^2, a^3, $\cdots$ と計算をしていくと，どんどん新しい数が現れます。しかし，$\mathbb{F}_p$ の世界では，0, 1, 2, $\cdots$, $p-1$ しか数が現れません。数 a のべき乗 a^n は，どのようなふしぎな世界を見せてくれるのでしょうか。

$\mathbb{F}_5$ のかけ算の表

$\times$	1	2	3	4
1	1	2	3	4
2	2	4	1	3
3	3	1	4	2
4	4	3	2	1

を用いて，

$$2^1, \quad 2^2, \quad 2^3, \quad 2^4$$

を計算してみましょう。

$$2^2 = 2 \times 2 = 4$$

で,

$$2^3 = 4 \times 2 = 3$$

となります。さらに,

$$2^4 = 3 \times 2 = 1$$

となります。したがって 2^n $(n = 1, 2, 3, 4)$ の値は

$$2, \quad 4, \quad 3, \quad 1$$

となります。

こんどは,

$$3^1, \quad 3^2, \quad 3^3, \quad 3^4$$

を計算してみましょう。

$$3^2 = 3 \times 3 = 4$$

です。さらに, 計算を続けると,

$$3^3 = 4 \times 3 = 2,$$
$$3^4 = 2 \times 3 = 1$$

となって, 3^n $(n = 1, 2, 3, 4)$ の値は

$$3, \quad 4, \quad 2, \quad 1$$

となります。

このような計算を続けると，次のような a^n の表ができます。

a	a^1	a^2	a^3	a^4
1	1	1	1	1
2	2	4	3	1
3	3	4	2	1
4	4	1	4	1

数 a の行の a^n の列が a^n の値を表します。たとえば，2 の行は

$$2, \quad 4, \quad 3, \quad 1$$

で，2^n $(n = 1, 2, 3, 4)$ の値を表しています。

a^n の表の行を見ると

　　相異なる数が並ぶ行と，同じ数が重複して並ぶ行が
　　あります。

相異なる数が並ぶ行に注目します。2 の行は 2^n $(n = 1, 2, 3, 4)$ を表し，

$$2, \quad 4, \quad 3, \quad 1$$

で，相異なる数です。

また，3 の行は 3^n $(n = 1, 2, 3, 4)$ を表し，

$$3, \quad 4, \quad 2, \quad 1$$

で，相異なる数です。

つまり，$\mathbb{F}_5$ の 0 以外の数 1, 2, 3, 4 が，2^n や 3^n
($n = 1, 2, 3, 4$) の形でひととおりに表されます。

$p = 7$ の場合にも a^n の表をつくると次のようになります。

a	a^1	a^2	a^3	a^4	a^5	a^6
1	1	1	1	1	1	1
2	2	4	1	2	4	1
3	3	2	6	4	5	1
4	4	2	1	4	2	1
5	5	4	6	2	3	1
6	6	1	6	1	6	1

こんどは，

　　　　3 の行と 5 の行で相異なる数が並びます。

　つまり，3 の行と 5 の行に，$\mathbb{F}_7$ の 0 以外のすべての数が
並んでいます。3 の行は

$3^1 = 3$,　$3^2 = 2$,　$3^3 = 6$,　$3^4 = 4$,　$3^5 = 5$,　$3^6 = 1$

となり，5 の行は

$5^1 = 5$,　$5^2 = 4$,　$5^3 = 6$,　$5^4 = 2$,　$5^5 = 3$,　$5^6 = 1$

となっています。

　では，$\mathbb{F}_5$ における $a = 2, 3$ や $\mathbb{F}_7$ における $a = 3, 5$ のよ
うに，$\mathbb{F}_p$ の a^n の表に

　　　　相異なる数が並ぶ行が必ずあるのでしょうか。

つまり,

　0以外のすべての数が並ぶ行は必ずあるのでしょうか。

　証明は本書のレベルを超えるのでできませんが, じつは, どのような素数 p に対しても $\mathbb{F}_p$ の a^n の表にこのような行があることがいえます。

　$\mathbb{F}_p$ の a^n の表において, 相異なる数が並ぶ行をもう少し詳しく調べましょう。

　$p = 5$ のとき, a^n の表の2の行

$$2, \quad 4, \quad 3, \quad 1$$

と3の行

$$3, \quad 4, \quad 2, \quad 1$$

で相異なる数が並びます。a^2 の列の4と a^4 の列の1が共通です。そして, $\mathbb{F}_5$ では $4 = -1$ となります。

　$p = 7$ のとき, a^n の表の3の行

$$3, \quad 2, \quad 6, \quad 4, \quad 5, \quad 1$$

と5の行

$$5, \quad 4, \quad 6, \quad 2, \quad 3, \quad 1$$

で相異なる数が並びます。a^3 の列の6と a^6 の列の1が共通です。そして, $\mathbb{F}_7$ では $6 = -1$ となります。

　$p = 5, 7$ で, 同じような現象が起こっています。

　p を奇数の素数とし, $\mathbb{F}_p$ の a^n の表の g の行で相異なる数が並んだとします。このとき, $g^{\frac{p-1}{2}} = -1$, $g^{p-1} = 1$ が

成り立ちそうです。

このことは正しく，次のようにして示せます。

まず，$g^{p-1} = 1$ はフェルマーの小定理 (定理 2.1) から導かれます。そして，この式を変形すると，

$$(g^{\frac{p-1}{2}})^2 = 1$$

となります。つまり，$g^{\frac{p-1}{2}}$ は $x^2 = 1$ を満たします。5.3 節で見たように $x^2 = 1$ の解は $x = \pm 1$ であり，g の行の数はすべて異なるので，$g^{\frac{p-1}{2}} \neq 1$ となり，

$$g^{\frac{p-1}{2}} = -1$$

が得られます。

$\mathbb{F}_p$ の a^n の表に

相異なる数が並ぶ行がある

ことから，ウィルソンの定理 (定理 2.2)

$$(p-1)! = -1$$

の別の証明が得られます。

ウィルソンの定理の別の証明

p を奇数の素数とします。a^n の表の数 g の行で相異なる数が並ぶとします。つまり，$\mathbb{F}_p$ の 0 でない数は

$$g^1, \quad g^2, \quad g^3, \quad \cdots, \quad g^{p-1} = 1$$

となります。よって，

$$(p-1)! = g^1 \times g^2 \times \cdots \times g^{p-1}$$

となります。フェルマーの小定理 $a^{p-1} = 1$ の両辺を a 倍して，$a^p = a$ となることを用いると，

$$g^1 \times g^{p-1} = g^p = g, \quad g^2 \times g^{p-2} = g^p = g,$$
$$\cdots, \quad g^{\frac{p-1}{2}} \times g^{\frac{p+1}{2}} = g^p = g$$

だから，

$$(p-1)! = (g^1 \times g^{p-1}) \times (g^2 \times g^{p-2}) \times \cdots \times (g^{\frac{p-1}{2}} \times g^{\frac{p+1}{2}})$$
$$= g^{\frac{p-1}{2}}$$

となります。ここで，上で述べたことより，

$$g^{\frac{p-1}{2}} = -1$$

です。よって，

$$(p-1)! = g^{\frac{p-1}{2}} = -1$$

となります。 □

　この節では，$\mathbb{F}_p$ において a^n の表をつくると，

相異なる数が並ぶ行がある

こと，つまり，ある数 g に対し，g^n $(n = 1, 2, \cdots, p-1)$ が $1, 2, \cdots, p-1$ を表すことを用いて，$\mathbb{F}_p$ の数の世界のふしぎな現象を紹介しました。

　このような g は**原始根**とよばれています。そして，すべての $\mathbb{F}_p$ の世界に原始根が必ず存在することがいえます。

原始根はふつうの数のかけ算にはありません。$\mathbb{F}_p$ の数の世界独自の現象です。

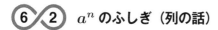 a^n のふしぎ（列の話）

a^n の表の列に着目しましょう。ここにも意外な現象が現れます。いったいどんな現象でしょうか。

$\mathbb{F}_5$ における a^n の表は

a	a^1	a^2	a^3	a^4
1	1	1	1	1
2	2	4	3	1
3	3	4	2	1
4	4	1	4	1

でした。

まず, a^4 の列はすべて 1 が並んでいます。この理由はフェルマーの小定理

$$a^{p-1} = 1 \quad (a \text{ は } \mathbb{F}_p \text{ の 0 でない数})$$

にあります。

こんどは, a^4 の列の数の和を求めてみると,

$$1 + 1 + 1 + 1 = 4$$

となります。

他の列の数の和も計算してみましょう。

a^1 の列の和を計算すると,

$$1 + 2 + 3 + 4 = 0$$

となります。a^2 の列の和を計算すると，

$$1 + 4 + 4 + 1 = 0$$

となります。a^3 の列の和を計算すると，

$$1 + 3 + 2 + 4 = 0$$

となります。ここにも，何か法則がひそんでいるようです。

$p = 7$ の場合も a^n の表の列を見てみましょう。

a	a^1	a^2	a^3	a^4	a^5	a^6
1	1	1	1	1	1	1
2	2	4	1	2	4	1
3	3	2	6	4	5	1
4	4	2	1	4	2	1
5	5	4	6	2	3	1
6	6	1	6	1	6	1

まず，a^6 の列は，フェルマーの小定理 $a^{p-1} = 1$ より，すべて 1 で，a^6 の列の和は

$$1 + 1 + 1 + 1 + 1 + 1 = 6$$

となります。さらに a^1 の列の和は，

$$1 + 2 + 3 + 4 + 5 + 6 = 0,$$

a^2 の列の和は，

$$1 + 4 + 2 + 2 + 4 + 1 = 0,$$

a^3 の列の和は，

$$1 + 1 + 6 + 1 + 6 + 6 = 0$$

となります。a^4 の列，a^5 の列も和は 0 です。

この 2 つの例から見ると，一般の $\mathbb{F}_p$ の a^n の表において
も，a^{p-1} の列以外では a^n の列の和は 0 になりそうです。

この現象も $\mathbb{F}_p$ の a^n の表に

相異なる数が並ぶ行がある

ことから導かれます。

$$g^1, \quad g^2, \quad \cdots, \quad g^{p-1} = 1$$

が相異なる数であるとします。$\mathbb{F}_p$ の 0 でない数は
$g^i \ (i = 1, 2, \cdots, p-1)$ の形にひととおりに表されるので，
a^n の列の和は，

$$
\begin{aligned}
1^n &+ 2^n + \cdots + (p-1)^n \\
&= (g^1)^n + (g^2)^n + \cdots + (g^{p-1})^n \\
&= (g^n)^1 + (g^n)^2 + \cdots + (g^n)^{p-1}
\end{aligned}
$$

に等しくなります。

等比数列の和の公式

$$a + ar + ar^2 + \cdots + ar^{m-1} = \frac{a(r^m - 1)}{r - 1} \quad (r \neq 1)$$

において，$a = r$ とおくと，

$$r + r^2 + r^3 + \cdots + r^m = \frac{r(r^m - 1)}{r - 1} \quad (r \neq 1)$$

という公式が得られます。この公式で $r = g^n$, $m = p - 1$ とおくと, $g^n \neq 1$ のとき,

$$(g^n)^1 + (g^n)^2 + \cdots + (g^n)^{p-1} = \frac{g^n\{(g^n)^{p-1} - 1\}}{g^n - 1}$$

となり, フェルマーの小定理より $(g^n)^{p-1} = 1$ だから,

$$(g^n)^1 + (g^n)^2 + \cdots + (g^n)^{p-1} = 0$$

となります。

また, $g^n = 1$ のとき,

$$(g^n)^1 + (g^n)^2 + \cdots + (g^n)^{p-1} = 1^1 + 1^2 + \cdots + 1^{p-1} = p - 1$$

です。

$g^n = 1$ となるのは, $n = p - 1$ のときだから,

$$1^n + 2^n + \cdots + (p-1)^n = \begin{cases} 0 & (n = 1, 2, \cdots, p-2) \\ p-1 & (n = p-1) \end{cases}$$

が示されました。

この現象も, ふつうの数のかけ算にはありません。$\mathbb{F}_p$ の数の世界独自の現象です。

6⎓3 離散対数

0, 1, 2, $\cdots$, $p - 1$ の p 個の数の世界 $\mathbb{F}_p$ における a^n の

計算には，意外な応用があります。それは離散対数の問題です。

実数の世界では，1 でない正の実数 a と正の実数 b に対して $b = a^x$ を満たす実数 x のことを，a を底とする b の対数といい，$x = \log_a b$ と書きました。同じように，有限体において，原始根 g と数 b に対して $b = g^x$ を満たす数 x のことを，g を底とする b の**離散対数**といいます。この離散対数の計算を考えてみましょう。

$\mathbb{F}_7$ で $g = 3$ は原始根です。$x = 4$ のとき，$b = g^x$ は $b = 3^4 = 4$ のように簡単に計算することができます。

では，$g = 3$ で $b = 5$ のとき，離散対数 x，つまり $3^x = 5$ を満たす数 x はどのように求められるでしょうか。3^4 を求めるよりも難しいことは容易にわかります。$x = 1, 2, 3, \cdots$ として，$3^x = 5$ を満たすかどうかを計算しなければならないからです。

$$3^1 = 3, \quad 3^2 = 2, \quad 3^3 = 6, \quad 3^4 = 4, \quad 3^5 = 5$$

と計算して，$x = 5$ であることがわかります。x に対する g^x の計算は簡単にできても，b に対して $g^x = b$ を満たす数 x を求めることは難しいのです。ちょうど 2 つの自然数をかけて積を計算することは簡単にできても，与えられた自然数を素因数分解するのが難しいことと似ています。$\mathbb{F}_p$ の p の値が大きくなればなるほど，離散対数の計算は大変になります。

素因数分解の難しさや離散対数問題の難しさは，現在の暗号技術に利用されています。

∞ 6/4 2137 個の数の世界

本書のブルーバックスにおける通巻番号は 2137 で素数です。ここで，$\mathbb{F}_{2137}$ に原始根が存在することを示しましょう。

a を $\mathbb{F}_{2137}$ の 0 でない数とし，$a^n = 1$ を満たす最小の自然数 n を d とおきます。

d は $a^n = 1$ を満たす自然数 n を割り切ります。なぜなら，$n = dq + r \ (0 \leqq r < d)$ とおくとき，

$$1 = a^n = (a^d)^q \times a^r = 1^q \times a^r = a^r$$

となり，d の最小性より，$r = 0$ となるからです。

$p - 1 = 2137 - 1 = 2136$ で，フェルマーの小定理 (定理 2.1) より，

$$a^{2136} = 1$$

となるので，d は 2136 を割り切ります。

さて，

$$2136 = 2^3 \times 3 \times 89$$

です。d は 2136 を割り切るので，

$$d = 2^i \times 3^j \times 89^k \quad (i = 0,\ 1,\ 2,\ 3,\ j = 0,\ 1,\ k = 0,\ 1)$$

と表されます。

$d < 2136$ と仮定すると，$(i,j,k) \neq (3,1,1)$ だから，d は

$$\frac{2136}{2} = 1068, \quad \frac{2136}{3} = 712, \quad \frac{2136}{89} = 24$$

の少なくとも 1 つを割り切ります。

定理 5.4 より，$p-1 = 2136$ の約数 d に対して，$x^d = 1$ を満たす数 x はちょうど d 個だから，$d < 2136$ を満たす数は高々

$$1068 + 712 + 24 = 1804 \text{ 個}$$

になります。したがって，$d = 2136$ を満たす数が少なくとも

$$2136 - 1804 = 332 \text{ 個}$$

あります。$d = 2136$ となる数 a が原始根だから，$\mathbb{F}_{2137}$ に原始根が存在することが示されました。コンピュータで確認すると，たとえば，$g = 10$ が原始根であることがわかります。

では，$d = 2136$ を満たす数 a，つまり原始根はいくつあるのでしょうか。

10 が原始根だから，

$$10^i \quad (i = 1, 2, 3, \cdots, 2136)$$

が $\mathbb{F}_{2137}$ の 0 以外のすべての数です。そして，10^i が原始根であるなら，i と 2136 が互いに素になります。このことを示しましょう。

$(10^i)^n = 1$ を満たす最小の自然数 n を d とします。i と 2136 の最大公約数を e とおきます。このとき，フェルマーの小定理 (定理 2.1) より，

$$(10^i)^{2136/e} = (10^{2136})^{i/e} = 1^{i/e} = 1$$

となり，d は $2136/e$ を割り切ります。

一方，10^i が原始根だから，$d = 2136$ です。したがって，$e = 1$ となり，i と 2136 は互いに素になります。証明はしませんが，逆に i と 2136 が互いに素であれば，10^i が原始根であることもいえます。

2136 以下で 2136 と互いに素な自然数は 704 個あります。したがって，原始根は 704 個あります。このことは次のようにいえます。

一般に，自然数 n 以下で n と互いに素な自然数の個数は，オイラーの関数 $\varphi(n)$ で表され，$n = p_1^{a_1} p_2^{a_2} \cdots p_r^{a_r}$ と素因数分解できるとき，

$$\varphi(n) = n \left(1 - \frac{1}{p_1} \right) \left(1 - \frac{1}{p_2} \right) \cdots \left(1 - \frac{1}{p_r} \right)$$

であることがわかっています。$2136 = 2^3 \times 3 \times 89$ だから，

$$\varphi(2136) = 2136 \left(1 - \frac{1}{2} \right) \left(1 - \frac{1}{3} \right) \left(1 - \frac{1}{89} \right) = 704$$

となります。

第 7 章

「有限個の数の世界」と
「ふつうの数の世界」

プリムとツァールは $\mathbb{F}_3$ の館の部屋を歩き回って，数式や説明を読んでいます。そして，自分たちも新しい数式や説明を書き加えています。

部屋の床の中央には，

0, 1, 2 の世界

と書いてあります。天井を見上げると，

整数の世界

と書いてあります。「ふつうの数の世界」が「有限個の数の世界」を見下ろしているようです。

「なんだろう」

「有限個の数の世界とふつうの数の世界の関係を示しているのかな」

そう言うと，プリムは壁に

ふつうの数の世界にある有限個の数の世界

と書きました。

「有限個の数がくるくる回っている世界だね」

ツァールは言います。有限個の数の世界の感覚が身についてきたのでしょう。ツァールは何か，ひらめいたようです。

「わかった！　じゃんけんだ」

「どういうこと？」

「パーはグーに勝つ。チョキはパーに勝つ。グーはチョキに勝つ」

「確かに，0, 1, 2 の世界に似ているかもしれないね」

「じゃあ，時計は？」

「なるほど。時計の数字は有限個の数の世界だ」

「カレンダーの曜日や月も，有限個の数の世界だね」

「そうだね。他には，どんな有限個の数の世界があるんだろう？」

⑦①　13日は何曜日？

　この章は，他の章と趣を異にします。有限個の数の世界を直接調べるのではなく，ふつうの整数の世界を通じて，有限個の数の世界を見ます。

　素数 2 で割った余りに着目すると，整数全体は偶数と奇数に分かれます。素数 3 で割った余りに着目すると，整数全体は 3 の倍数，3 で割って 1 余る数，3 で割って 2 余る数の 3 つのグループに分かれます。

　一般に，素数 p で割った余りに着目すると，整数全体は有限個のグループに分かれます。これらの有限個のグループのつくる世界は，0, 1, 2, $\cdots$, $p-1$ の p 個の数の世界 $\mathbb{F}_p$ とも密接に関係しています。最初に，身近にある面白い例を紹介し，最後に，ガウスが「黄金定理」とよんだ平方剰余の相互法則について述べます。

　この節では，プロローグで紹介したカレンダーのふしぎを

説明しましょう。

次のカレンダーは，2020 年 11 月のカレンダーです。

日	月	火	水	木	金	土
1	2	3	4	5	6	7
8	9	10	11	12	13	14
15	16	17	18	19	20	21
22	23	24	25	26	27	28
29	30					

まず，カレンダーに正方形を描いて，9 つの数をすべて足すと，中央の数の 9 倍になることを説明します。例として，図のような正方形を考えます。

5	6	7
12	13	14
19	20	21

右に進むと 1 ずつ増えるので，行についての和は，その行の中央の数の 3 倍になります。5, 6, 7 を足すと

$$5 + 6 + 7 = (6 - 1) + 6 + (6 + 1) = 3 \times 6$$

です。他の行も同様で，

$$12 + 13 + 14 = 3 \times 13,$$

$$19 + 20 + 21 = 3 \times 20$$

となります。そして，

$$3 \times 6 + 3 \times 13 + 3 \times 20 = 3 \times (6 + 13 + 20)$$

です。

また，下に進むと 7 ずつ増えるので，列についての和も，その列の中央の数の 3 倍になります。

$$6 + 13 + 20 = (13 - 7) + 13 + (13 + 7) = 3 \times 13$$

です。だから，

$$3 \times (6 + 13 + 20) = 3 \times (3 \times 13) = 9 \times 13$$

となります。よって，正方形の中の 9 つの数をすべて足すと，中央の数の 9 倍になります。

じつは，対角線上の 3 つの数の和も，まん中の数の 3 倍になっています。確かめてみてください。

次に，毎年 5 月から 11 月のあいだに 13 日の金曜日が現れることを説明しましょう。5 月から 11 月までの 13 日の曜日は，次のようになります。

年 \ 月	5	6	7	8	9	10	11
2019	月	木	土	火	金	日	水
2020	水	土	月	木	日	火	金
2021	木	日	火	金	月	水	土

この表には，どの年も日曜から土曜までのすべての曜日が現れています。この現象の理由を探っていきましょう。

2019 年と 2020 年を比較すると，それぞれの月の 13 日の曜日が 2 つずつ進んでいます。2020 年と 2021 年で比較すると，曜日が 1 つずつ進んでいます。どうしてこのような違いが生じるのでしょうか。

じつは，うるう年が関係しています。1 年は平年が 365 日

で，うるう年は 366 日です。365, 366 を 7 で割って，商と余りを求めると，

$$365 \div 7 = 52 \cdots \mathbf{1}, \quad 366 \div 7 = 52 \cdots \mathbf{2}$$

となります。よって，平年なら曜日が 1 つ進み，うるう年なら曜日が 2 つ進みます。

2020 年はうるう年なので，2019 年 5 月 13 日から 2020 年 5 月 12 日のあいだに 2 月 29 日があります。よって，5 月から 11 月の 13 日の曜日を 2019 年と 2020 年で比較すると，曜日が 2 つ進みます。

一方，2021 年は平年なので，2020 年 5 月 13 日から 2021 年 5 月 12 日のあいだに，2 月 29 日はありません。よって，5 月から 11 月の 13 日の曜日を 2020 年と 2021 年で比較すると，曜日が 1 つ進みます。

以上のように，5 月から 11 月の 13 日は，1 年後に同じ割合で曜日が進みます。2021 年の 13 日にすべての曜日が現れるので，2022 年以降も 13 日にすべての曜日が現れることがわかります。

また，5 月から 11 月の 13 日は 1 年前に同じ割合で曜日が戻るので，2018 年以前も 13 日にすべての曜日が現れることがわかります。したがって，13 日の金曜日が毎年，確実に訪れることになります。

∞ 7／2 ガウスの慧眼

5 月から 11 月の 13 日に，日曜から土曜までのすべての

曜日が現れることを，別の観点から眺めてみましょう。次の
カレンダーは 2020 年 5 月のカレンダーです。

日	月	火	水	木	金	土
					1	2
3	4	5	6	7	8	9
10	11	12	13	14	15	16
17	18	19	20	21	22	23
24	25	26	27	28	29	30
31						

　日曜日は

$$3, \quad 10, \quad 17, \quad 24, \quad 31$$

が並んでいます。また火曜日は

$$5, \quad 12, \quad 19, \quad 26$$

が並んでいます。
　日曜日，火曜日になっている日に法則があります。7 で
割った余りに着目してください。
　日曜日は

$$3, \quad 3, \quad 3, \quad 3, \quad 3$$

となります。火曜日は

$$5, \quad 5, \quad 5, \quad 5$$

となります。他の曜日も同様です。1 週間は 7 日だから，7
日おきに同じ曜日になっているからです。

　基準となる年と月と日を決めると，曜日はその日から通算して数えた日付を7で割った余りで決まります。たとえば，2020年5月1日を1日目とすると，次のようになります。

曜日	日	月	火	水	木	金	土
日付 ÷ 7 の余り	3	4	5	6	0	1	2

　5月13日は，

$$13 \div 7 = 1 \cdots \mathbf{6}$$

だから，水曜日であることがわかります。また，6月13日は，5月13日の31日後だから，

$$13 + 31 = 44$$

で，5月44日と考えられます。よって，

$$44 \div 7 = 6 \cdots \mathbf{2}$$

となり，土曜日であることがわかります。同様に，7月13日は，

$$13 + 31 + 30 = 74$$

により，5月74日と考えられます。よって，

$$74 \div 7 = 10 \cdots \mathbf{4}$$

となり，月曜日であることがわかります。
　5月から10月のひと月の日数は，表のようになります。

月	5	6	7	8	9	10
日数	31	30	31	31	30	31

それぞれの月の 13 日を 5 月 1 日から通算した日付を調べると,

月	5	6	7	8	9	10	11
日付	13	44	74	105	136	166	197

となり, 7 で割った余りを調べると,

月	5	6	7	8	9	10	11
日付 ÷ 7 の余り	6	2	4	0	3	5	1

となります。自然数を 7 で割った余り 0, 1, 2, $\cdots$, 6 がすべて現れているので, 5 月から 11 月までの 13 日に, 日曜から土曜までのすべての曜日が現れます。したがって, 13 日の金曜日は毎年必ず現れます。

　また, 同じように考えれば, 13 日だけでなく, 1 日から 30 日までのどの日に着目しても, 5 月から 11 月にすべての曜日が現れることがわかります。確かめてみてください。

　このように, 5 月から 11 月までの 1 日から 30 日のどの日についても, すべての曜日が現れるのは, 30 日の月と 31 日の月が絶妙な配置になっているからです。

　もし, 現実のカレンダーと違って, 5 月が 30 日まで, 6 月が 31 日まであるとしたら, このようなことは起こりません。

　この仮定の下, それぞれの月の 13 日を 5 月 1 日から通算した日付を調べると,

月	5	6	7	8	9	10	11
日付	13	**43**	74	105	136	166	197

となり，7で割った余りを調べると，

月	5	6	7	8	9	10	11
日付÷7の余り	6	**1**	4	0	3	5	1

となって，2が現れません。よって，現れない曜日が生じます。

　以上述べてきたカレンダーの法則は，自然数を7で割った余りの世界です。この世界を数式で表すために，新しい数式を導入しましょう。

　m を自然数とし，a, b を整数とします。a, b を m で割った余りが等しいとき，言い換えると，m が $a - b$ を割り切るとき，

$$a \equiv b \pmod{m}$$

と書きます。この式を**合同式**といいます。「a と b は，m を法として合同である」と読むことにします。

日	月	火	水	木	金	土
					1	2
3	4	5	6	7	8	9
10	11	12	13	14	15	16
17	18	19	20	21	22	23
24	25	26	27	28	29	30
31						

2020 年 5 月のカレンダーの例で合同式を用いると，

$$1 \equiv 8 \pmod 7, \quad 1 \equiv 15 \pmod 7$$

と表されます。だから，このカレンダーで a 日が金曜日であることは，

$$a \equiv 1 \pmod 7$$

と表されます。b 日が土曜日であることは，

$$b \equiv 2 \pmod 7$$

と表されます。さらに，a 日が金曜日のとき，a 日の 2 日後は日曜日です。$a \equiv 1 \pmod 7$ のとき，

$$a + 2 \equiv 3 \pmod 7$$

と表されます。a 日の 9 日後も日曜日ですが，これは

$$a + 9 \equiv 3 \pmod 7$$

と表されます。

　ガウスは，24 歳の時に出版した『整数論』で合同式を定義しています。この合同式は数の世界を探究するために，とても有用な概念で，ガウスの数の世界を見通す力が現れています。

　「$\equiv$」はガウスが初めて用いた記号です。合同式 $\equiv$ は，等式 $=$ と同じような変形ができます。

定理 7.1　(1) $a \equiv b \pmod{m}$, $c \equiv d \pmod{m}$ ならば, $a+c \equiv b+d \pmod{m}$, $ac \equiv bd \pmod{m}$ となる.

(2) a と m が互いに素のとき, $ab \equiv ac \pmod{m}$ ならば, $b \equiv c \pmod{m}$ となる.

証明　(1) $a \equiv b \pmod{m}$, $c \equiv d \pmod{m}$ より, m は $a-b$ と $c-d$ を割り切ります.

$$(a+c) - (b+d) = (a-b) + (c-d),$$
$$ac - bd = ac - bc + bc - bd = c(a-b) + b(c-d)$$

であることより, m が $(a+c)-(b+d)$ と $ac-bd$ を割り切ります. よって, $a+c \equiv b+d \pmod{m}$, $ac \equiv bd \pmod{m}$ です.

(2) $ab \equiv ac \pmod{m}$ より, $ab - ac \equiv 0 \pmod{m}$ となります. さらに $a(b-c) \equiv 0 \pmod{m}$ と変形すると, m が $a(b-c)$ を割り切ることがわかります. そして a, m は互いに素だから, m は $b-c$ を割り切ります. よって, $b \equiv c \pmod{m}$ です. □

5月, 6月, 7月の13日を5月1日から通算した日付を7で割った余りを合同式で求めましょう. 7で割った余りに着目して計算します.

5月は,

$$13 \equiv 6 \pmod{7}$$

となります。6月は,

$$13 + 31 \equiv 6 + 3 \equiv 9 \equiv 2 \quad (\text{mod } 7)$$

となります。7月は,

$$13 + 31 + 30 \equiv 6 + 3 + 2 \equiv 11 \equiv 4 \quad (\text{mod } 7)$$

です。

　このように合同式を用いると,直接計算するよりも,小さな数の足し算で,5月1日から通算した日付を7で割った余りを求めることができます。

7/3　ISBN のひみつ

　本を手にとって眺めると,裏表紙に「ISBN」と書かれた後に数字が並んでいます。本書では

$$978\text{-}4\text{-}06\text{-}519689\text{-}2$$

となっています。

　私たち1人ひとりに,個人ナンバーが与えられています。同じ個人ナンバーをもっている人は,国内にはいません。

　個人ナンバーよりずっと長い歴史をもちますが,本の個人ナンバーにあたるのが ISBN で,国際的なものです。同じ ISBN をもった本は世界に1冊だけで,本書と同じ ISBN をもつ本はほかには存在しません。

　ISBN とは,「International Standard Book Numbers」の頭文字をとったものです。

　ISBN は 2007 年に改訂されましたが，ここでは 2006 年
以前の ISBN について説明しましょう．素数 11 が関係して
います．

　1995 年に出版されたブルーバックス，足立恒雄『フェル
マーの大定理が解けた！』の ISBN は

$$4\text{-}06\text{-}257074\text{-}2$$

です．最初の数 4 は，日本で出版された本であることを示し
ています．次の数 06 は出版社を表します．講談社から出版
された本は，すべて 06 になっています．その次の数 257074
がこの本を表しています．国，出版社，本を指定すれば，本
の個人ナンバーとしては十分です．

　では，最後の数 2 は何を表しているのでしょうか．この
数は，マジックナンバー（チェックデジット）とよばれてい
ます．

　じつは，ISBN は「誤り検出符号」とよばれる符号の 1 つ
です．たとえば，本を注文するとき，著者名，書名，出版社
で注文することができますが，ISBN でも注文できます．そ
の本は世界で 1 冊しかないので，他の本と間違うことはあ
りません．

　しかし，ISBN は数字の羅列なので，この 10 個の数字の
どれかを間違えて書くことが起こり得ます．このとき，1 ヵ
所を間違って書いた場合には，マジックナンバーがあること
によって，間違って書かれていることが判明するのです．

　マジックナンバーがあることで，なぜ間違いがわかるので
しょうか．そのからくりを説明しましょう．これには，素
数 11 が本質的な役割をしています．11 で割った余りの世

界が，この誤りを検出する役割を果たしているのです。

ISBN の各位の数について，1 から 10 までをそれぞれの数に順にかけて足します。ISBN をハイフンを省略して書いて，

$$a_1 a_2 a_3 a_4 a_5 a_6 a_7 a_8 a_9 a_{10}$$

であるとします。このとき，

$$A = a_1 \times 1 + a_2 \times 2 + a_3 \times 3 + \cdots + a_{10} \times 10$$

を計算します。上の本で計算をしてみると，

$$A = 4 \times 1 + 0 \times 2 + 6 \times 3 + 2 \times 4 + 5 \times 5 + 7 \times 6$$
$$+ 0 \times 7 + 7 \times 8 + 4 \times 9 + 2 \times 10$$

となり，

$$A = 4 + 0 + 18 + 8 + 25 + 42 + 0 + 56 + 36 + 20 = 209$$

が得られます。そしてこの結果を 11 で割ると，余りは 0 になります。

ISBN は，このようにして A の値を計算すると，A の値を 11 で割った余りが必ず 0 になるように考えられています。つまり，A の値は必ず，11 の倍数になります。ISBN の数字を 1 つ間違えて書くと，A の値は 11 の倍数にならないので，間違っていることがわかります。

しかし，間違えていることがわかるだけで，残念ながら正しい ISBN はわかりません。こういう意味で，ISBN は「誤り検出符号」といわれています。誤りを検出するだけでな

く，自動的に訂正できる符号もあり，こちらは「誤り訂正符号」とよばれています。

　本によっては，マジックナンバーが「X」になっています。たとえば，1971 年に発売されたブルーバックス，コンスタンス・レイド『ゼロから無限へ』の ISBN は，

$$4\text{-}06\text{-}117777\text{-}X$$

です。11 で割った余りを考えているので，余りが 10 である可能性があります。10 とすると，2 桁の数になるので 10 の代わりに X (テン) を使っているのです。

　ここまでの説明を合同式を使って確かめてみましょう。まず，A の値が必ず 11 の倍数になるようにできることを確かめます。

　マジックナンバー a_{10} を除いて，

$$a_1 \times 1 + a_2 \times 2 + a_3 \times 3 + \cdots + a_9 \times 9$$

を計算します。そして，その結果を 11 で割ると，余りは 0 から 10 までのいずれかの数になります。

　この余りが r であるとします。式を使って書くと，

$$a_1 \times 1 + a_2 \times 2 + a_3 \times 3 + \cdots + a_9 \times 9 \equiv r \pmod{11},$$
$$A \equiv r + 10a_{10} \pmod{11}$$

と表すことができます。よって，マジックナンバー a_{10} を r とすると，

$$A \equiv r + 10r \equiv 11r \equiv 0 \pmod{11}$$

となり，A の値は 11 の倍数になります。ここで，$r = 10$ のときは，$a_{10} = X$ と書きます。

次に，1 つの数字を間違えた場合，A の値がふたたび 11 の倍数にはならないことを確かめましょう。

a_3 のところを b と間違えたとします。このとき，間違った場合の値も 11 の倍数になったとすると

$$a_1 + 2a_2 + 3a_3 + 4a_4 + \cdots + 10a_{10}$$
$$\equiv a_1 + 2a_2 + 3b + 4a_4 + \cdots + 10a_{10} \quad (\text{mod } 11)$$

となり，

$$3a_3 \equiv 3b \quad (\text{mod } 11)$$

となります。3 と 11 は互いに素なので，定理 7.1 (2) から

$$a_3 \equiv b \quad (\text{mod } 11)$$

が得られます。そして，a_3 も b も 1 桁の数だから，

$$a_3 = b$$

となって，$a_3 \neq b$ に矛盾します。

このように，1 つの数字を間違えた場合，11 で割った余りが偶然 0 になることはありません。

2 つ以上の数を間違えた場合は，一般に誤りを検出することはできません。たとえば，

$$4\text{-}06\text{-}2\dot{5}707\dot{4}\text{-}2$$

を

162

$$4\text{-}06\text{-}3\dot{5}70\dot{1}4\text{-}2$$

のように，a_4 と a_8 の値を誤ったとします。正しい ISBN では $A = 209$ でした。誤った ISBN では

$$A' = 4 \times 1 + 0 \times 2 + 6 \times 3 + 3 \times 4 + 5 \times 5 + 7 \times 6$$
$$+0 \times 7 + 1 \times 8 + 4 \times 9 + 2 \times 10 = 165$$

となり，ふたたび 11 の倍数になって誤りが検出できません。

　異なる 2 つの数が入れ替わった場合はどうでしょう？　たとえば，隣り合った 2 数を入れ替えて書いてしまうことは，十分に起こり得ます。本を表している数の 57 を 75 と間違ったとしましょう。つまり

$$4\text{-}06\text{-}2\dot{5}\dot{7}074\text{-}2$$

を

$$4\text{-}06\text{-}2\dot{7}\dot{5}074\text{-}2$$

と間違えた場合です。このとき，誤った ISBN で計算をしてみると

$$A' = 4 \times 1 + 0 \times 2 + 6 \times 3 + 2 \times 4 + 7 \times 5 + 5 \times 6$$
$$+0 \times 7 + 7 \times 8 + 4 \times 9 + 2 \times 10 = 207$$

となり，11 の倍数になっていません。これで間違いがあることを検出することができます。

　では，一般に，異なる 2 つの数を入れ替えた場合，11 の倍数には決してならないといえるのでしょうか。2 つの数

$a_i, a_j \ (a_i \neq a_j)$ を入れ替えたとすると, $a_i \times i + a_j \times j$ を $a_i \times j + a_j \times i$ として計算することになります。

もし, 誤った ISBN において, A' の値も 11 の倍数になるとすれば,

$$a_i \times i + a_j \times j \equiv a_i \times j + a_j \times i \quad (\text{mod } 11)$$

が成り立ちます。変形すると

$$(a_i - a_j) \times (i - j) \equiv 0 \quad (\text{mod } 11)$$

となります。ところが, i と j は 1 以上 10 以下の異なる 2 数だから, 11 が $i - j$ を割り切ることはありません。a_i と a_j も 0 以上 10 以下の異なる 2 数だから, 11 が $a_j - a_i$ を割り切ることはありません。11 が素数であることより,

$$(a_j - a_i) \times (i - j) \not\equiv 0 \quad (\text{mod } 11)$$

となって矛盾が生じます。

したがって, ISBN の異なる 2 数 a_i と a_j を入れ替えると, 11 の倍数にならないことがわかります。

以上のように, ISBN の異なる 2 数を誤って入れ替えた場合も, 誤りが検出できることがわかりました。

2006 年以前の ISBN はこのように素数 11 を使っているのですが, 出版数が増えてきたために, 2007 年以降の ISBN は 13 桁に変更されました。新しい ISBN のしくみについては, 巻末参考図書 [4] をご覧ください。

∞ (7)/(4)　「フェルマーの小定理」再訪

$0, 1, 2, \cdots, p-1$ の p 個の数の世界で，

$$a + b = c, \quad ab = d$$

のとき，a, b, c, d をふつうの整数の世界で考えると，

$$(a+b) \div p \text{ の余り} = c, \quad (ab) \div p \text{ の余り} = d$$

であり，

$$a + b \equiv c \pmod{p}, \quad ab \equiv d \pmod{p}$$

となります。

このことを用いて，第 2 章で紹介したフェルマーの小定理とウィルソンの定理，第 4 章で紹介したオイラーの規準を，ふつうの整数の世界のことばで言い換えてみましょう。

まず，フェルマーの小定理 (定理 2.1)

$\mathbb{F}_p$ において，0 でない数 a は $a^{p-1} = 1$ を満たす

です。$\mathbb{F}_p$ における $a = 0$ にあたる性質をふつうの整数の世界で考えると，$a \equiv 0 \pmod{p}$ となります。この合同式は，p が a を割り切ることを意味します。また，$\mathbb{F}_p$ における $a^{p-1} = 1$ にあたる性質をふつうの整数の世界で考えると，

$$a^{p-1} \equiv 1 \pmod{p}$$

となります。この合同式は，$a^{p-1} \div p$ の余りが 1 である，あるいは p が $a^{p-1} - 1$ を割り切ることを意味します。よって，フェルマーの小定理は次のようになります。

定理 7.2 p を素数とし, a を p で割り切れない整数とする。このとき, p は $a^{p-1} - 1$ を割り切る。

次は, ウィルソンの定理 (定理 2.2)

$$\mathbb{F}_p \text{ において, } (p-1)! = -1 \text{ が成り立つ}$$

です。ウィルソンの定理は

$$(p-1)! \equiv -1 \pmod{p}$$

と言い換えられます。両辺に 1 を足すと,

$$(p-1)! + 1 \equiv 0 \pmod{p}$$

となります。

定理 7.3 p を素数とするとき, p は $(p-1)! + 1$ を割り切る。

最後はオイラーの規準です。定理 4.2 は

$\mathbb{F}_p$ の 0 でない数を a とする。a が $\mathbb{F}_p$ の平方数のとき, $a^{\frac{p-1}{2}} = 1$ である。a が $\mathbb{F}_p$ の平方数でないとき, $a^{\frac{p-1}{2}} = -1$ である

でした。まず, $\mathbb{F}_p$ の平方数や平方数でない数を言い換えます。a が $\mathbb{F}_p$ の平方数であるとは, $x^2 = a$ を満たす $\mathbb{F}_p$ の数 x が存在することです。ふつうの整数で対応する性質は, p を素数とし, a を整数とするとき,

$$x^2 \equiv a \quad (\bmod \ p)$$

となる整数 x が存在する，つまり，p が $x^2 - a$ を割り切るような整数 x が存在する，となります。このとき a は p を法とする**平方剰余**であるといいます。

平方剰余ということばを用いると，オイラーの規準 (定理 4.2) は次のように言い換えられます。

定理 7.4 p を素数とし，a を p で割り切れない整数とする。a が p を法とする平方剰余のとき，p は $a^{\frac{p-1}{2}} - 1$ を割り切る。a が p を法とする平方剰余でないとき，p は $a^{\frac{p-1}{2}} + 1$ を割り切る。

---

⑦ ⑤ 平方剰余の相互法則

第 4 章で，平方剰余の相互法則の第 1 補充法則と第 2 補充法則について紹介しました。これまで，平方剰余の相互法則について説明してこなかったので，ここで説明します。

まず，平方剰余の例を挙げましょう。

$p = 7$ のとき，

$$2^2 \equiv 4 \quad (\bmod \ 7), \quad 5^2 \equiv 4 \quad (\bmod \ 7)$$

のように $x^2 \equiv 4 \ (\bmod \ 7)$ を満たす整数 x が存在するので，4 は 7 を法とする平方剰余です。平方数は平方剰余です。0, 1 も平方剰余になります。また，

$$3^2 \equiv 2 \quad (\bmod \ 7), \quad 4^2 \equiv 2 \quad (\bmod \ 7)$$

だから，2 も 7 を法とする平方剰余です。ふつうの数の世界で平方数でない数も，平方剰余になることがあります。一方，

$$x^2 \equiv 3 \pmod 7, \quad x^2 \equiv 5 \pmod 7, \quad x^2 \equiv 6 \pmod 7$$

を満たす整数 x は存在しないので，3, 5, 6 は 7 を法とする平方剰余ではありません。

　0, 1, 2, 3, 4, 5, 6 の 7 つの数の世界 $\mathbb{F}_7$ において，0, 1, 2, 4 が平方数で，3, 5, 6 は平方数ではありませんでした。

　$a = 0, 1, \cdots, p-1$ のとき，a が p を法とする平方剰余になることと，0, 1, $\cdots$, $p-1$ の p 個の数の世界 $\mathbb{F}_p$ において a が平方数であることとは，同じ意味になります。

　では，平方剰余の相互法則を説明しましょう。

　それぞれの素数にはそれぞれの個性があり，素数がどのように散らばって存在しているかに関しては，わからないことが多くあります。しかし，素数をめぐる性質は非常に美しいものが数多くあり，素数の神秘は尽きません。平方剰余の相互法則もその 1 つです。ガウスは，この法則を「黄金定理」とよびました。

　異なる奇数の素数を任意に 2 つ選びます。適当に選んだので，この 2 つの素数のあいだにはなんの関係もないように思えますが，じつは，相互に深い関係があるのです。次のことがいえます。

定理 7.5　p, q を異なる奇数の素数とする。

$p \equiv 1 \pmod{4}$，または $q \equiv 1 \pmod{4}$ ならば，

$$x^2 \equiv q \pmod{p}, \quad y^2 \equiv p \pmod{q}$$

を満たす x, y が，両方とも存在するか，両方とも存在しない。

$p \equiv 3 \pmod{4}$，かつ $q \equiv 3 \pmod{4}$ ならば，

$$x^2 \equiv q \pmod{p}, \quad y^2 \equiv p \pmod{q}$$

を満たす x, y が，一方に存在し，もう一方は存在しない。

　定理 7.5 を**平方剰余の相互法則**といいます。異なる 2 つ
の奇数の素数 p, q を勝手に選んだとき，q が p を法とする
平方剰余であることと，p が q を法とする平方剰余であるこ
とが密接に関係しているのです。

　平方剰余の相互法則はオイラーが発見し，ルジャンドルが
証明を試みましたが，ルジャンドルは完全に証明することは
できませんでした。ガウスは平方剰余の相互法則を深く研
究し，7 つの異なる証明を与えています。本書では証明をし
ませんが，実例でようすを眺めてみましょう。

　素数 3, 5, 7, 11, 13 について，それぞれの素数を法とす
る x^2 の値を表にします。

x	0	1	2	3	4	5	6	7	8	9	10	11	12
$x^2 \pmod 3$	0	1	1										
$x^2 \pmod 5$	0	1	4	4	1								
$x^2 \pmod 7$	0	1	4	2	2	4	1						
$x^2 \pmod{11}$	0	1	4	9	5	3	3	5	9	4	1		
$x^2 \pmod{13}$	0	1	4	9	3	12	10	10	12	3	9	4	1

この表を見て，平方剰余の相互法則を確かめましょう。

$p = 5$，$q = 11$ とすると，$5 \equiv 1 \pmod 4$，$11 \equiv 3 \pmod 4$ だから，p, q は定理 7.5 の前半の条件を満たします。このとき，$x^2 \equiv 5 \pmod{11}$ となる x があります。そして，$y^2 \equiv 11 \equiv 1 \pmod 5$ を満たす y もあります。

$p = 5$，$q = 13$ とすると，$5 \equiv 1 \pmod 4$，$13 \equiv 1 \pmod 4$ だから，p, q は定理 7.5 の前半の条件を満たします。このとき，$x^2 \equiv 5 \pmod{13}$ となる x はありません。そして，$y^2 \equiv 13 \equiv 3 \pmod 5$ を満たす y もありません。

$p = 7$，$q = 11$ とすると，$7 \equiv 3 \pmod 4$，$11 \equiv 3 \pmod 4$ だから，p, q は定理 7.5 の後半の条件を満たします。このとき，$x^2 \equiv 7 \pmod{11}$ となる x はありません。一方，$y^2 \equiv 11 \equiv 4 \pmod 7$ を満たす y があります。

他の p, q についても，みなさん自身の手で実際に計算してみてください。平方剰余の相互法則のふしぎさと美しさを味わってもらえることと思います。

第 1 章〜第 6 章までの有限体の話と，この第 7 章の合同式の話を読んでこられた読者は，1 つの疑問を感じるかもしれません。

合同式の計算を有限体の計算に読み替えることができるの

なら，どちらか一方があれば十分なのではないか，という疑問です。ここまでの話では，確かにそのとおりなのですが，じつは，合同式の計算と有限体の計算は発展していく方向が異なります。

素数を法とする合同式は，自然数を法とする合同式の一部です。しかし，合成数を法とする合同式にあたるものは，有限体の世界にはありません。

一方，数の世界が自然数，整数，実数，複素数と広がったように，有限体の数の世界も広がっていきます。合同式の世界も広がるのですが，高度な数論の概念が必要になります。

有限体の数の世界の広がりは，ガロアが考え出しました。第2部となる次章から，この新しい世界に踏み込んでいきましょう。

ガロアが創った新しい世界
——数の進化を考える

プリムとツァールは，$\mathbb{F}_3$ の館のすべての部屋をめぐりました。個性の違うふたりが力を合わせることで，$\mathbb{F}_3$ の館の謎が解けました。ふたりは，入り口から外に出ようとしています。

「ずっと気になっていることがあるんだ」

プリムは口を開きます。

「何？」

「この館に入る前に，$\mathbb{F}_4$ の館があったよね」

「うん。$1 + 1 = 0$ って書いてあった」

「どうして $1 + 3 = 0$ じゃなかったんだろう？」

「確かに，$\mathbb{F}_2$ の館が $1 + 1 = 0$，$\mathbb{F}_3$ の館が $1 + 2 = 0$ なのに，$\mathbb{F}_4$ の館はまた $1 + 1 = 0$ だったね」

「何が違うんだろう……？」

ふたりは考え込んでいます。

「わかった！　2と3は素数，4は合成数だ」

ツァールは叫びます。プリムは，ツァールの直感力に感心しています。

「あっ，なるほど。すぐに $\mathbb{F}_4$ の館に行こう！」

「謎は解けたんじゃ？」

「いや，完全に解けたわけじゃないよ。$\mathbb{F}_6$ の館が見当たらなかったことも気になっているんだ」

そういえば，$\mathbb{F}_6$ の館は見当たりませんでした。ツァール

は，プリムの思慮深さに感嘆しています。

「4と6は何が違うの？」

「4は素数2の2乗で，6は素数2と3の積だ」

「なるほど」

　ふたりは $\mathbb{F}_3$ の館を出て，$\mathbb{F}_4$ の館に向かいました。

(8)(1) 数学者 ガロア

　第6章まで，有限体 $\mathbb{F}_p$ の世界を見てきました。有限体がガロア体ともよばれていることは，すでに述べたとおりです。

　有限体の理論は，数論や代数学だけでなく，実験計画法や符号理論，あるいは暗号理論などの多くの応用があり，現代の私たちの生活と密接に関係しています。

　ガロアは「数の理論について」という論文の中で，$\mathbb{F}_p$ を広げた数の世界を考えて，新しい有限個の数の世界を切り拓きました。第8章と第9章で，ガロアが切り拓いた数の世界を解説していきます。

　エヴァリスト・ガロア (1811-1832) はフランス革命の後の激動期のフランスに生き，決闘でそのきわめて短い生涯を終えました。しかし，その中で後世に遺る重要な研究をしています。

　パリの高等中学校時代に，ルジャンドルの『幾何学原論』と出会って，数学に熱狂的に取り組むようになります。通常ならマスターするのに2年はかかるこの本を，わずか2日で読破したと言われています。1827年，ガロア15歳のと

きです。

　ガロアは一流の学者の著作から直接学び，ラグランジュの著作などを読んで影響を受けたと思われます。

　1829 年，ガロアは，のちにガロア理論とよばれる壮大な理論の萌芽である問題に重要な一歩を踏み出そうとしていました。それは，5 次以上の代数方程式に解の公式が存在しないこと，つまり，一般には四則演算とべき乗根の繰り返しでは解くことができないことを示す問題です。

　ガロアの目標は，与えられた代数方程式に解の公式が存在するための条件を与える，ということにありました。ガロアはこの問題について，1829 年の春までには決定的な結果を得ていたと思われます。

　1831 年，論文「べき根による方程式の可解性について」を仕上げています。そして，本書のテーマである有限体の理論に関する論文「数の理論について」は，前年の 1830 年に書かれています。

　ガロアの論文は，いろいろな事情ですぐには認められませんでした。散逸された論文もあります。

　ガロアは 1832 年 5 月 30 日の決闘により，翌日に亡くなりました。いったい何があって，ガロアが決闘に巻き込まれることになったのか，現存する資料からははっきりしません。ただ，シュヴァリエ宛に，30 日の決闘の前夜に徹夜で書かれたと思われる手紙が残っています。数学について書かれていて，今までに得た数学上の発見の数々を，なんとか残そうとしています。

「ヤコビかガウスに，これらの定理の正しさではなく重要性について，公の場で意見を求めてほしい」と書いています。

　ガロアの遺志を受けたシュヴァリエは，遺稿を整理し，その論文は多くの数学者たちに送付されました。1846年，リュービルがガロアの仕事をまとめて『純粋および応用数学年報』に発表し，ガロアの仕事が本格的に受け入れられるようになったのです。

⑧ ② ４つの数の世界

　0, 1, 2, 3 の４つの数の世界では，割り算ができませんでした。では，

四則演算が定められる４つの数の世界はないのでしょうか。

　このような４つの数の世界の可能性を探してみましょう。４つの数の世界に有理数の世界にあるような四則演算があるとして，４つの数がどのような数であるかを探っていきます。
　まず，四則演算が定められる数の世界には，次の性質をもつ0と1の2つの数があるとします。

> 0を足しても値は変わりません。
> 0をかけると0になります。
> 1をかけても値は変わりません。

　４つの数を 0, 1, α, β として，この４つの数の世界に四則演算があるとします。α, β はどのような数かわかりませんが，四則演算があるということで，これらの性質が明らかになってきます。じつは，

$$\alpha = 1 + \beta, \quad \beta = 1 + \alpha, \quad \alpha^{-1} = \beta, \quad \beta^{-1} = \alpha$$

のような関係が導けます。理由を説明しましょう。

0 の性質である，

0 を足しても値は変わらない

を用いると，足し算の表は次になります。

$$
\begin{array}{c|cccc}
+ & 0 & 1 & \alpha & \beta \\
\hline
0 & 0 & 1 & \alpha & \beta \\
1 & 1 & ? & ? & ? \\
\alpha & \alpha & ? & ? & ? \\
\beta & \beta & ? & ? & ? \\
\end{array}
$$

9 個の「?」の欄があります。

この「?」の欄に，第 1 章で見た足し算の表の性質である，

どの行もどの列も異なる数が並ぶ

というルールで数を入れていきましょう。どのような表が可能でしょうか。

次の 4 とおりの表が得られます。

$$
①\;
\begin{array}{c|cccc}
+ & 0 & 1 & \alpha & \beta \\
\hline
0 & 0 & 1 & \alpha & \beta \\
1 & 1 & 0 & \beta & \alpha \\
\alpha & \alpha & \beta & 0 & 1 \\
\beta & \beta & \alpha & 1 & 0 \\
\end{array}
\qquad
②\;
\begin{array}{c|cccc}
+ & 0 & 1 & \alpha & \beta \\
\hline
0 & 0 & 1 & \alpha & \beta \\
1 & 1 & 0 & \beta & \alpha \\
\alpha & \alpha & \beta & 1 & 0 \\
\beta & \beta & \alpha & 0 & 1 \\
\end{array}
$$

$$
\begin{array}{c|cccc}
+ & 0 & 1 & \alpha & \beta \\
\hline
0 & 0 & 1 & \alpha & \beta \\
1 & 1 & \alpha & \beta & 0 \\
\alpha & \alpha & \beta & 0 & 1 \\
\beta & \beta & 0 & 1 & \alpha
\end{array}
\qquad
\begin{array}{c|cccc}
+ & 0 & 1 & \alpha & \beta \\
\hline
0 & 0 & 1 & \alpha & \beta \\
1 & 1 & \beta & 0 & \alpha \\
\alpha & \alpha & 0 & \beta & 1 \\
\beta & \beta & \alpha & 1 & 0
\end{array}
$$

③（左）　④（右）

このうち，③を

$$\alpha \longrightarrow 2, \quad \beta \longrightarrow 3$$

と置き換えると，0, 1, 2, 3 の 4 つの数の世界の足し算の表

$$
\begin{array}{c|cccc}
+ & 0 & 1 & 2 & 3 \\
\hline
0 & 0 & 1 & 2 & 3 \\
1 & 1 & 2 & 3 & 0 \\
2 & 2 & 3 & 0 & 1 \\
3 & 3 & 0 & 1 & 2
\end{array}
$$

になります。よって，③は 0, 1, 2, 3 の 4 つの数の世界の足し算の表と見なすことができます。

　②は，1 の行と α の行，1 の列と α の列を入れ替え，

$$\alpha \to 1, \quad 1 \to \alpha$$

と置き換えると，③と同じになります。また，④は α の行と β の行，α の列と β の列を入れ替え，

$$\alpha \to \beta, \quad \beta \to \alpha$$

と置き換えると，③と同じになります。よって，②も④も，0, 1, 2, 3 の 4 つの数の世界の足し算の表と見なすこと

179

ができます。

　0, 1, 2, 3 の 4 つの数の世界の足し算の表を利用してかけ算を定めると，割り算ができませんでした。したがって，②，③，④ の足し算の表からは，四則演算がある数の世界は得られません。残った

$$
\begin{array}{c|cccc}
+ & 0 & 1 & \alpha & \beta \\
\hline
0 & 0 & 1 & \alpha & \beta \\
1 & 1 & 0 & \beta & \alpha \\
\alpha & \alpha & \beta & 0 & 1 \\
\beta & \beta & \alpha & 1 & 0
\end{array}
$$

①

は，行や列の入れ替えや，$1, \alpha, \beta$ の置き換えでは，③ と同じになりません。この ① の表を足し算の表として，0 以外の数のかけ算の表をつくりましょう。

　第 1 章では，かけ算は

$$
a \times b = \underbrace{b + b + \cdots + b}_{a}
$$

を利用して定めました。しかし，この方法では α 倍や β 倍を定められません。そこで，1 の性質

1 をかけても値は変わらない

を用いることにすると，

$$\begin{array}{c|ccc} \times & 1 & \alpha & \beta \\ \hline 1 & 1 & \alpha & \beta \\ \alpha & \alpha & ? & ? \\ \beta & \beta & ? & ? \end{array}$$

となります。α, β の積の 4 個が「?」になります。さらに，第 1 章で見たかけ算の表の性質

どの行もどの列も異なる数が並ぶ

を $0, 1, \alpha, \beta$ の 4 つの数の世界にも用いることにします。すると，

$$\begin{array}{c|ccc} \times & 1 & \alpha & \beta \\ \hline 1 & 1 & \alpha & \beta \\ \alpha & \alpha & \beta & 1 \\ \beta & \beta & 1 & \alpha \end{array}$$

と，ひととおりに決まります。これを，四則演算がある $0, 1, \alpha, \beta$ の 4 つの数の世界のかけ算の表とします。

かけ算の表より $\alpha^2 = \beta$ であり，足し算の表より $\beta = 1 + \alpha$ だったので，

$$\alpha^2 = 1 + \alpha \tag{8.1}$$

となります。さらにかけ算の表から，

$$1 \times 1 = 1, \quad \alpha \times \beta = 1, \quad \beta \times \alpha = 1$$

であることがわかるので，

$$1^{-1} = 1, \quad \alpha^{-1} = \beta, \quad \beta^{-1} = \alpha$$

が得られます。

　まとめると，0, 1, α, β の 4 つの数の世界で四則演算が定められるならば，足し算の表とかけ算の表は，

+	0	1	α	β
0	0	1	α	β
1	1	0	β	α
α	α	β	0	1
β	β	α	1	0

×	1	α	β
1	1	α	β
α	α	β	1
β	β	1	α

になります。

　逆に，これらの表を用いて，足し算とかけ算を定めれば，

$$0, \quad 1, \quad \alpha, \quad \beta = 1 + \alpha$$

の 4 つの数の世界は，有理数と同じように四則演算が定められます。

　0, 1, α, $\beta = 1 + \alpha$ の 4 つの数の世界は，0, 1 の 2 つの世界 $\mathbb{F}_2$ を含みます。足し算の表とかけ算の表の左上が，0, 1 の 2 つの世界 $\mathbb{F}_2$ の足し算の表とかけ算の表です。

+	0	1
0	0	1
1	1	0

×	1
1	1

　また，(8.1) 式より，$\alpha^2 - \alpha - 1 = 0$ となり，$-1 = 1$ だから，

$$\alpha^2 + \alpha + 1 = 0$$

が成り立ちます。さらに,

かけ算の表より $\beta^2 = \alpha$ であり,足し算の表より $\alpha + \beta = 1$ だから,

$$\beta^2 + \beta + 1 = \alpha + \beta + 1 = 1 + 1 = 0$$

となります。したがって,α, β は $\mathbb{F}_2$ 係数の 2 次方程式 $x^2 + x + 1 = 0$ を満たします。

$0, 1, \alpha, \beta = 1 + \alpha$ の 4 つの数の世界の背後に,どのような数学があるのでしょうか。ここで,数の世界が広がっていくようすを振り返ることにしましょう。

数の発展の背後には,引き算,割り算,平方根,方程式を解く,などの演算がひそんでいます。

⑧③ 数の進化

自然数の中で,$2 + x = 1$ を満たす数 x は存在しません。しかし,この式を満たす数 $x = -1$,つまり負の数を考えることによって,数の範囲を自然数から整数に広げることができました。整数の中では,足し算,引き算が自由にできます。

しかし,$2x = 1$ を満たす数 x は,整数の中には存在しません。ここで,$x = 1/2$ という分数を考えることによって,数の範囲を自然数から有理数に広げることができました。有理数の中では,四則の計算が自由にできます。

有理数の中で四則の計算が自由にできて,1 次方程式は有理数の範囲ですべて解けることになります。しかし,$x^2 = 2$

を満たす数 x は，有理数の中に存在していません。そこで，$\sqrt{2}$ という無理数を考えて，数の範囲を有理数から実数に広げました。

　しかし，すべての 2 次方程式を解くには実数の範囲はまだ十分でなく，$x^2 = -1$ を満たす数 x は，実数の中には存在しません。そこで，$x^2 = -1$ を満たす数 i という虚数を考え，実数から複素数の世界へと数の範囲を広げました。この結果，複素数の範囲ですべての代数方程式が解けることになりました。

　実数と複素数の関係を思い出しましょう。

$$i^2 = -1$$

を満たす数 $i = \sqrt{-1}$ を虚数単位とよび，

$$a + bi \quad (a, b \text{ は実数})$$

を複素数とよびました。

　複素数の 0 は，

$$0 + 0 \cdot i$$

で定められます。また，

$$a + 0 \cdot i$$

も複素数だから，実数は複素数に含まれます。

　複素数の足し算，引き算，かけ算は

　　i の多項式として，和，差や積を計算して，$i^2 = -1$
　　を用いて，i の 1 次式に変形します。

複素数の和と差は

$$(a + bi) + (c + di) = (a + c) + (b + d)i,$$
$$(a + bi) - (c + di) = (a - c) + (b - d)i$$

となります。積は

$$(a + bi)(c + di) = ac + (ad + bc)i + bdi^2$$
$$= (ac - bd) + (ad + bc)i$$

となります。

さらに,

$$(a + bi)(a - bi) = a^2 - b^2i^2 = a^2 + b^2$$

と計算でき, $a + bi$ の逆数が

$$\frac{1}{a + bi} = \frac{a - bi}{(a + bi)(a - bi)} = \frac{a - bi}{a^2 + b^2}$$
$$= \frac{a}{a^2 + b^2} - \frac{b}{a^2 + b^2}i$$

となります。$a + bi \neq 0$ ならば, $(a,b) \neq (0,0)$ であり, $a^2 + b^2 > 0$ だから, 0 以外の複素数は逆数をもちます。つまり, 0 以外の複素数で割り算をすることができます。

以上のようにして, 複素数は四則演算ができます。この説明で用いられているのは, 実数は四則演算ができるという事実と, i が 2 次方程式 $x^2 + 1 = 0$ の解であり, 実数ではないという事実のみです。

$\mathbb{F}_p$ にも四則演算が定まるので, 同様に考えて, $x^2 = -1$

を満たす $\mathbb{F}_p$ の数 x がなければ，$\mathbb{F}_p$ を含む新しい数の世界をつくることができます。

8−4　$\mathbb{F}_2$，$\mathbb{F}_3$ の進化

　例として，0, 1, 2 の 3 つの数の世界 $\mathbb{F}_3$ を考えましょう。

　$\mathbb{F}_3$ には，$x^2 = -1$ を満たす数 x がありませんでした。$0^2 = 0, 1^2 = 1, 2^2 = 1$ となり，-1 にならないからです。そこで，新たに虚数単位 i にあたる数を考えて，$\mathbb{F}_3$ の数の世界を広げることを試みます。

　$\mathbb{F}_3$ 係数の方程式 $x^2 + 1 = 0$ を満たす数を考えて α としましょう。$\alpha^2 = -1$ です。複素数 $a + bi$ (a,b は実数) と同じように，新しい数 α に対して，

$$a + b\alpha \quad (a, b \text{ は } \mathbb{F}_3 \text{の数})$$

という数全体を考えます。a, b はそれぞれ 0, 1, 2 の 3 個の値をとるので，$a + b\alpha$ は 9 個の値をとります。

$$0, 1, 2, \alpha, 1 + \alpha, 2 + \alpha, 2\alpha, 1 + 2\alpha, 2 + 2\alpha$$

の 9 個です。

　この数の世界の足し算，引き算，かけ算は

　　α の多項式として，和，差や積を計算して，$\alpha^2 = -1$
　　を用いて，α の 1 次式に変形します。

　したがって，$a + b\alpha$ の形の数の和は

$$(a + b\alpha) + (c + d\alpha) = (a + c) + (b + d)\alpha$$

で，積は

$$(a + b\alpha)(c + d\alpha) = ac + (ad + bc)\alpha + bd\alpha^2$$
$$= (ac - bd) + (ad + bc)\alpha$$

となります。さらに引き算や割り算も考えられます。

$$-(a + b\alpha) = -a - b\alpha$$

より，引き算が定まります。そして，0 でない数 $a + b\alpha$ の
逆数は

$$\frac{1}{a + b\alpha} = \frac{a - b\alpha}{a^2 - b^2\alpha^2} = \frac{a - b\alpha}{a^2 + b^2}$$
$$= \frac{a}{a^2 + b^2} - \frac{b}{a^2 + b^2}\alpha$$

となります。-1 が $\mathbb{F}_3$ の平方数ではないので，$a^2 + b^2 = 0$
となるのは，$a = 0$, $b = 0$ のとき，つまり，$a + b\alpha = 0$ の
ときに限ります。なぜなら，$a \neq 0$ とすると，$a^2 + b^2 = 0$
より $(b/a)^2 = -1$ となるので，-1 が $\mathbb{F}_3$ の平方数でないこ
とと矛盾するからです。$b \neq 0$ としても同様です。

　α の $\mathbb{F}_3$ 係数の多項式の和や積と同じように計算して，
$\alpha^2 = -1$ とおくことは，i の実数係数の多項式の和や積と
同じように計算して，$i^2 = -1$ とおくことと同じ考え方で
す。したがって，$a + b\alpha$ の和と積の式は，複素数の和と積
の i を α に置き換えた式と同じになります。

　以上のように，$a + b\alpha$（a, b は $\mathbb{F}_3$ の数）は四則演算が定め
られる数の世界になります。数の個数 9 に着目して，$\mathbb{F}_9$ と
書きます。そして，α のように，$\mathbb{F}_p$ に属さない数を**ガロア**

の虚数とよびます。

　ガロアは，方程式論とのかかわりでガロアの虚数に到達したようです。ガロアは「数の理論について」の論文で，

> この合同式の解は，整数ではありえないので，虚数
> 記号 (計算上これを使用すれば，通常の解析学での
> 虚数 $\sqrt{-1}$ の使用と同じくらいに有用なものとなる
> ことが多いだろう) の一種とみなすことが必要であ
> る
> (巻末参考図書 [10])

と述べています。

　ここで，厳密に言うと，ガロアの虚数がどこにあるのか，という問題があります。

　じつは，実数や $\mathbb{F}_p$ のように四則演算がある数の世界では，代数的閉包（へいほう）とよばれる数の世界があって，代数方程式の解をその数の世界の中で考えてよいことがわかっています。実数の代数的閉包は複素数です。本書では解説ができませんが，$\mathbb{F}_p$ にも代数的閉包があります。

　続いて，$\mathbb{F}_2$ の進化を考えましょう。

　$\mathbb{F}_3$ と異なり，$\mathbb{F}_2$ では $x^2 = -1$ を満たす数があります。$x = 1$ のとき，$\mathbb{F}_2$ では $1^2 = -1$ となります。したがって，$\mathbb{F}_3$ の場合とまったく同じ議論はできません。

　$\mathbb{F}_2$ では

$$x^2 + x + 1 = 0$$

という方程式を考えます。$x = 0$ とすると，

$$x^2 + x + 1 = 0 + 0 + 1 = 1$$

となり，$x = 1$ とすると，

$$x^2 + x + 1 = 1 + 1 + 1 = 1$$

となるので，$\mathbb{F}_2$ に $x^2 + x + 1 = 0$ を満たす数はありません。

$x^2 + x + 1 = 0$ を満たす数を ω とします。$\omega^2 + \omega + 1 = 0$ が成り立ちます。そして

$$a + b\omega \quad (a,\, b \text{ は } \mathbb{F}_2 \text{ の数})$$

という数全体，つまり

$$0, \quad 1, \quad \omega, \quad 1 + \omega$$

の4個の数を考えます。ここに4つの数の世界が現れます。

この数の世界の足し算，引き算，かけ算は

> ω の多項式として，和，差や積を計算して，$\omega^2 = 1 + \omega$ を用いて，ω の1次式に変形します。

ここで，$\omega^2 = 1 + \omega$ は $\omega^2 + \omega + 1 = 0$ より，$\omega^2 = -1 - \omega = 1 + \omega$ として得られます。

和は

$$1 + (1 + \omega) = (1 + 1) + \omega = 0 + \omega = \omega,$$
$$\omega + (1 + \omega) = 1 + (\omega + \omega) = 1 + 0 = 1$$

のように求まり，積は

$$\omega \times (1 + \omega) = \omega + \omega^2 = \omega + (1 + \omega) = 1,$$
$$(1 + \omega) \times (1 + \omega) = 1 + \omega + \omega + \omega^2$$

$$= 1 + 0 + (1 + \omega) = \omega$$

のように求まります。

以上のことから，$a + b\omega$　$(a, b$ は $\mathbb{F}_2$の数$)$ の足し算の表は

+	0	1	ω	$1 + \omega$
0	0	1	ω	$1 + \omega$
1	1	0	$1 + \omega$	ω
ω	ω	$1 + \omega$	0	1
$1 + \omega$	$1 + \omega$	ω	1	0

となり，かけ算の表は

$\times$	1	ω	$1 + \omega$
1	1	ω	$1 + \omega$
ω	ω	$1 + \omega$	1
$1 + \omega$	$1 + \omega$	1	ω

となります。

$$-0 = 0, \quad -1 = 1, \quad -\omega = \omega, \quad -(1 + \omega) = 1 + \omega$$

より，引き算も定まります。また，逆数については，

$$1 \times 1 = 1, \quad \omega(1 + \omega) = 1, \quad (1 + \omega)\omega = 1$$

より，

$$1^{-1} = 1, \quad \omega^{-1} = 1 + \omega, \quad (1 + \omega)^{-1} = \omega$$

となって，割り算も定まります。

$$a + b\omega \quad (a, b \text{ は } \mathbb{F}_2 \text{ の数})$$

という数全体は，四則演算が定まる 4 つの数の世界です。この数の世界を $\mathbb{F}_4$ と書きます。

一方，8.2 節で見た，0, 1, α, $\beta = 1 + \alpha$ の 4 つの数の足し算の表とかけ算の表は

+	0	1	α	β
0	0	1	α	β
1	1	0	β	α
α	α	β	0	1
β	β	α	1	0

×	1	α	β
1	1	α	β
α	α	β	1
β	β	1	α

であり，

$$\alpha^2 = \beta = 1 + \alpha$$

が成り立っていました。

$\beta = 1 + \alpha$ を用いて表を書き直すと，

+	0	1	α	$1 + \alpha$
0	0	1	α	$1 + \alpha$
1	1	0	$1 + \alpha$	α
α	α	$1 + \alpha$	0	1
$1 + \alpha$	$1 + \alpha$	α	1	0

$\times$	1	α	$1+\alpha$
1	1	α	$1+\alpha$
α	α	$1+\alpha$	1
$1+\alpha$	$1+\alpha$	1	α

となります。α を ω と書き直せば，$a+b\omega$ (a, b は $\mathbb{F}_2$ の数) の演算の表になります。

8.2 節で見た 0, 1, α, $\beta = 1+\alpha$ の 4 つの数の世界は，$a+b\omega$ (a, b は $\mathbb{F}_2$の数) の数の世界 $\mathbb{F}_4$ だったのです。

ふたりは $\mathbb{F}_4$ の館のふしぎを解き明かしました。

「次は $\mathbb{F}_9$ の館に行こう。『$1+2=0$ とする』と書いてあるはずだ」

プリムが言うと，ツァールもうなずきます。ふたりは $\mathbb{F}_9$ の館に入りました。

「あった！」

ツァールが叫んでいます。$\mathbb{F}_9$ の館の壁には，確かに

この館では $1+2=0$ とする

と書かれていました。

「やっぱり！」

プリムは納得しています。ツァールがプリムにたずねます。

「$\mathbb{F}_3$ の数の世界が $\mathbb{F}_9$ の数の世界に広がったら，$\mathbb{F}_3$ の数は $\mathbb{F}_9$ の数になるの？」

「うん，そう言えるかな」

「自分が $\mathbb{F}_3$ の数だったことを忘れてしまうのかな？」

プリムはツァールの疑問をしみじみと聞いています。

「いや。ちゃんと，思い出す方法があるはずだ」

$\mathbb{F}_9$ の数の中で $\mathbb{F}_3$ の数を見分ける

プリムは壁にそう書きました。

⑨／① $\mathbb{F}_p$ の数の平方根

8.4 節で，$\mathbb{F}_3$ 係数の 2 次方程式 $x^2 + 1 = 0$ を満たす数 α を考えました。そして，$\mathbb{F}_3$ にはないこの数 α を使って，$\mathbb{F}_3$ を含み，四則演算が存在する $\mathbb{F}_9$ の数の世界を考えることができました。

この節では，一般に，$\mathbb{F}_p$ から四則演算が存在する $\mathbb{F}_{p^2}$ の数の世界をつくることを考えます。

p を奇数の素数とするとき，定理 4.1

> p を奇数の素数とするとき，$\mathbb{F}_p$ において，0 以外
> の数のちょうど半分が平方数である

より，$\mathbb{F}_p$ には平方数でない数が存在します。m を $\mathbb{F}_p$ の平方数でない数の 1 つとします。

$x^2 = m$ を満たす数を α とすると，α は $\mathbb{F}_p$ の数ではありません。$(\pm\alpha)^2 = m$ だから，$\pm\alpha$ は m の平方根です。

$$a + b\alpha \quad (a, b \text{ は } \mathbb{F}_p \text{の数})$$

という形の数を考えましょう。このような数は p^2 個あるので，この形の数全体を $\mathbb{F}_{p^2}$ と表します。ここで，$\mathbb{F}_p$ の平方数でない数 m のとり方によらず，$\mathbb{F}_{p^2}$ が決まることが，以下の説明でわかります。

$$a = a + 0 \cdot \alpha$$

より，$\mathbb{F}_{p^2}$ は $\mathbb{F}_p$ を含んでいます。次のようにして，$\mathbb{F}_{p^2}$ の数に足し算，引き算，かけ算を定めます。

α の多項式として，和，差や積を計算して，$\alpha^2 = m$ を用いて，α の 1 次式に変形します。

このとき，$\mathbb{F}_p$ の数でない $\mathbb{F}_{p^2}$ の数 $a + b\alpha$ $(b \neq 0)$ に対して，割り算を定めることができます。

$$\frac{1}{a + b\alpha} = \frac{a - b\alpha}{(a + b\alpha)(a - b\alpha)} = \frac{a - b\alpha}{a^2 - b^2\alpha^2}$$
$$= \frac{a - b\alpha}{a^2 - b^2 m} = \frac{a}{a^2 - b^2 m} - \frac{b}{a^2 - b^2 m}\alpha$$

ここで，$a^2 - b^2 m \neq 0$ です。$a^2 - b^2 m = 0$ とすると，$(a/b)^2 = m$ となり，m が平方数でないことに矛盾するからです。したがって，$a + b\alpha$ の逆数 $1/(a + b\alpha)$ も $\mathbb{F}_{p^2}$ の数になり，$\mathbb{F}_{p^2}$ に割り算を定めることができます。

$\mathbb{F}_p$ の平方数でない数 m を使って，新しい数の世界 $\mathbb{F}_{p^2}$ を考えました。では，一般に

$\mathbb{F}_p$ のすべての数の平方根は $\mathbb{F}_{p^2}$ に存在するのでしょうか。

$\mathbb{F}_p$ の平方数でない任意の数を n とします。n は m と異なる数を想定しますが，$n = m$ の場合でも，以下の議論は成り立ちます。

n の平方根は，α と $\mathbb{F}_p$ の数の積になります。このことは，次のようにいえます。

m, n が $\mathbb{F}_p$ の平方数でないので，定理 4.6

$$\frac{(平方数でない数)}{(平方数でない数)} = (平方数)$$

より，n/m は $\mathbb{F}_p$ の平方数であり，

$$\frac{n}{m} = k^2 \quad (k \text{ は } \mathbb{F}_p \text{ の数})$$

と表されます。このとき，

$$(\pm k\alpha)^2 = k^2\alpha^2 = \frac{n}{m} \times m = n$$

となり，$\pm k\alpha$ が n の平方根になります。そして $\pm k\alpha$ は $\mathbb{F}_{p^2}$ の数です。

　定理としてまとめましょう。

定理 9.1　p を奇数の素数とする。$\mathbb{F}_p$ の平方数でない数の平方根は $\mathbb{F}_{p^2}$ にあり，α と $\mathbb{F}_p$ の数の積で表される。

　定理 9.1 の後半は，有理数には存在しなかった現象です。たとえば，2 の平方根 $\sqrt{2}$ に対して，8 や 18 の平方根は

$$\sqrt{8} = 2\sqrt{2}, \ \sqrt{18} = 3\sqrt{2}$$

となり，$\sqrt{2}$ と有理数の積で表されますが，3 の平方根は

$$\sqrt{3} = k\sqrt{2} \quad (k \text{ は有理数})$$

と表すことはできません。両辺を 2 乗して，$3 = 2k^2$ を満たす有理数 k がないことからわかります。

　次に，$\mathbb{F}_p$ 係数の 2 次方程式について考えます。

　$\mathbb{F}_p$ の数の平方根が $\mathbb{F}_{p^2}$ に存在するので，$\mathbb{F}_p$ 係数の 2 次方程式が $\mathbb{F}_{p^2}$ で解けます。このことを示しましょう。

p を奇数の素数とします。$\mathbb{F}_p$ 係数の 2 次方程式

$$ax^2 + bx + c = 0 \quad (a \neq 0)$$

を考えます。$p \neq 2$ だから，$1/2$ は $\mathbb{F}_p$ の数です。$a \neq 0$ だから，$1/a$ も $\mathbb{F}_p$ の数になり，方程式の左辺は $\mathbb{F}_p$ で次のように変形できます。

$$a \left(x + \frac{b}{2a} \right)^2 - \frac{b^2 - 4ac}{4a} = 0$$

この式を変形すると，

$$\left(x + \frac{b}{2a} \right)^2 = \frac{b^2 - 4ac}{4a^2}$$

となります。

$b^2 - 4ac$ が $\mathbb{F}_p$ の平方数ならば，$b^2 - 4ac = \ell^2$ とおけ，

$$x = -\frac{b}{2a} \pm \frac{\ell}{2a}$$

となります。a, b, ℓ は $\mathbb{F}_p$ の数だから，x は $\mathbb{F}_p$ の数になります。

$b^2 - 4ac$ が $\mathbb{F}_p$ の平方数でないならば，定理 9.1 により，$b^2 - 4ac$ の平方根は $\pm k\alpha$ だから，

$$x = -\frac{b}{2a} \pm \frac{k\alpha}{2a}$$

となります。a, b, k は $\mathbb{F}_p$ の数であり，α は $\mathbb{F}_{p^2}$ の数だから，x は $\mathbb{F}_{p^2}$ の数になります。

したがって，次の定理が成り立ちます。

定理 9.2 $\mathbb{F}_p$ 係数の 2 次方程式 $ax^2 + bx + c = 0$ は，$\mathbb{F}_{p^2}$ に解をもつ。

定理 9.2 は，$p = 2$ の場合も成り立ちます。$\mathbb{F}_2$ 係数の 2 次方程式は 4 つあり，

$$x^2 = 0, \quad x^2 + x = 0, \quad x^2 + 1 = 0$$

が $\mathbb{F}_2$ で解け，

$$x^2 + x + 1 = 0$$

が $\mathbb{F}_4$ で解けます。

⑨／② 数の進化とフェルマーの小定理

四則演算が定まっている有限個の数の世界，すなわち有限体 (ガロア体) では，p 乗するとふしぎな結果になります。そのため，ふつうの数の世界では非常に複雑な式が，まるで魔法がかかったように驚くほど簡明な式になってしまいます。

このようすを眺めてみましょう。

$\mathbb{F}_p$ の数の p 乗は

$$a^p = a \quad (a \text{ は } \mathbb{F}_p \text{の数})$$

という美しい式を満たします。

$a = 0$ のときは，明らかに成り立ちます。$a \neq 0$ のときは，フェルマーの小定理 (定理 2.1)

$$a^{p-1} = 1 \quad (a \text{ は } \mathbb{F}_p \text{ の } 0 \text{ でない数)}$$

の両辺を a 倍すると $a^p = a$ となります。以下において，

$$a^p = a \quad (a \text{ は } \mathbb{F}_p \text{ の数)}$$

をフェルマーの小定理とよぶことにします。

　p を奇数の素数とし，m を $\mathbb{F}_p$ の平方数でない数とします。$x^2 = m$ を満たす数を α とします。つまり $\alpha^2 = m$ です。α の p 乗は

$$\alpha^p = -\alpha$$

となります。なぜなら，

$$\alpha^p = (\alpha^2)^{\frac{p-1}{2}} \cdot \alpha = m^{\frac{p-1}{2}} \cdot \alpha$$

となります。m が $\mathbb{F}_p$ の平方数でないので，オイラーの規準 (定理 4.2) により，$m^{\frac{p-1}{2}} = -1$ です。よって，$\alpha^p = -\alpha$ となります。

　$\mathbb{F}_p$ 係数の多項式の p 乗は

$$(x + y)^p = x^p + y^p$$
$$(xy)^p = x^p y^p$$

という美しい関係式を満たします。2 番目の式は指数法則です。1 番目の式を示しましょう。

　まず，二項定理

$$(x + y)^p = x^p + {}_p\mathrm{C}_1 x^{p-1} y + \cdots + {}_p\mathrm{C}_{p-1} xy^{p-1} + y^p$$

を思い出しましょう。ここで，二項係数 ${}_p\mathrm{C}_r \ (1 \leqq r \leqq p-1)$

は

$$_p\mathrm{C}_r = \frac{p(p-1)\cdots(p-r+1)}{r!}$$

と表されます。p が分子を割り切り，分母を割り切らないので，p は二項係数 $_p\mathrm{C}_r$ を割り切ります。

したがって，$\mathbb{F}_p$ では

$$_p\mathrm{C}_r = 0 \quad (1 \le r \le p-1)$$

であり，$\mathbb{F}_p$ 係数の多項式として，

$$(x+y)^p = x^p + y^p$$

が成り立ちます。

p を奇数の素数とするとき，$\mathbb{F}_{p^2}$ の数 $a + b\alpha$ の p 乗は，

$$(a+b\alpha)^p = a - b\alpha$$

となります。このことを示しましょう。

公式 $(x+y)^p = x^p + y^p$ において，$x = a, y = b\alpha$ として，$(a+b\alpha)^p$ を計算します。

$$(a+b\alpha)^p = a^p + (b\alpha)^p = a^p + b^p\alpha^p$$

となります。フェルマーの小定理より，

$$a^p = a, \quad b^p = b$$

です。また，$\alpha^p = -\alpha$ だから，

$$(a+b\alpha)^p = a - b\alpha$$

となります。$a + b\alpha$ の p 乗は，b を $-b$ に変えたものになります。

ここで，さらに両辺を p 乗すると，

$$(a + b\alpha)^{p^2} = (a - b\alpha)^p = a + b\alpha$$

となります。$\beta = a + b\alpha$ とおくと，$\beta^{p^2} = \beta$ となります。これを $\mathbb{F}_{p^2}$ のフェルマーの小定理とよびましょう。

定理 9.3 $\mathbb{F}_{p^2}$ の数 β に対し，

$$\beta^{p^2} = \beta$$

が成り立つ。

$\mathbb{F}_{p^2}$ のフェルマーの小定理は，$p = 2$ の場合も成り立ちます。このことは，この節の最後で示します。

9.1 節で，平方数でない数 m の平方根 α を用いて，$\mathbb{F}_{p^2}$ を

$$a + b\alpha \quad (a, b \text{ は } \mathbb{F}_p \text{ の数})$$

と定めましたが，定理 9.3 より，$\mathbb{F}_{p^2}$ の数は $x^{p^2} - x = 0$ を満たす数であり，$\mathbb{F}_{p^2}$ の数が m のとり方によらないことが，このことからもわかります。

p 乗の性質により，$\mathbb{F}_{p^2}$ における $\mathbb{F}_p$ の数を特徴づけることができます。$\mathbb{F}_p$ の数の特徴の 1 つは，フェルマーの小定理

$$a^p = a \quad (a \text{ は } \mathbb{F}_p \text{ の数})$$

でした。$\mathbb{F}_{p^2}$ において $\beta^p = \beta$ を満たす数を考えましょう。$\beta = a + b\alpha$ とおくと，

$$\beta^p = (a + b\alpha)^p = a - b\alpha$$

となります。$\beta^p = \beta$ より,

$$a + b\alpha = a - b\alpha$$
$$b = -b$$

となり,p が奇数の素数だから,$b = 0$ となります。よって β は $\mathbb{F}_p$ の数です。

定理としてまとめましょう。

定理 9.4 $\mathbb{F}_p$ の数は $x^p = x$ を満たす。逆に,$x^p = x$ を満たす $\mathbb{F}_{p^2}$ の数は $\mathbb{F}_p$ の数である。

$p = 2$ の場合の定理 9.3 と定理 9.4 について説明します。まず,定理 9.3 は次のように示すことができます。$\mathbb{F}_4$ の数は

$$0, \quad 1, \quad \omega, \quad 1 + \omega$$

で,$0^2 = 0, 1^2 = 1$ が $\mathbb{F}_2$ のフェルマーの定理でした。これより $0^4 = 0, 1^4 = 1$ が成り立ちます。

$$\omega^2 = 1 + \omega, \quad (1 + \omega)^2 = \omega$$

が成り立つので,2 乗によって ω と $1 + \omega$ が入れ替わります。このことから,

$$\omega^4 = (\omega^2)^2 = (1 + \omega)^2 = \omega,$$
$$(1 + \omega)^4 = \{(1 + \omega)^2\}^2 = \omega^2 = 1 + \omega$$

であることがわかります。よって,$\mathbb{F}_4$ では $\beta^4 = \beta$ となり

ます。$p = 2$ の場合の定理 9.3 が示されました。

$0^2 = 0,\ 1^2 = 1,\ \omega^2 = 1 + \omega,\ (1 + \omega)^2 = \omega$ から，$x^2 = x$ を満たす $\mathbb{F}_4$ の数は $x = 0, 1$ であることもわかります。$p = 2$ の場合の定理 9.4 が示されました。

⑨③ -3 は平方数か

この章で述べてきた p 乗の性質と，$\mathbb{F}_p$ 係数の 2 次方程式が $\mathbb{F}_{p^2}$ で解をもつ，という事実を使って，-3 が平方数であるかどうかの条件を求めます。つまり次の問題を考えます。

-3 が $\mathbb{F}_p$ の平方数となる素数 p はどのような素数か。

7.5 節で説明した平方剰余の相互法則を用いると同じ結果が得られますが，p 乗の性質があざやかに法則を導くようすを見てください。

$p > 3$ とします。このとき，p は $3n + 1$ か $3n + 2$ の形をしています。

定理 9.2 より，$\mathbb{F}_{p^2}$ に，$x^2 + x + 1 = 0$ を満たす数 ω が存在します。$x^3 - 1 = (x - 1)(x^2 + x + 1)$ に $x = \omega$ を代入すると $\omega^3 - 1 = (\omega - 1)(\omega^2 + \omega + 1)$ となり，$\omega^2 + \omega + 1 = 0$ だから，$\omega^3 - 1 = 0$, つまり

$$\omega^3 = 1$$

が成り立ちます。

$\alpha = \omega - \omega^2$ とおくと，$\alpha^2 = -3$ となります。なぜなら，$\omega^3 = 1,\ \omega^4 = \omega,\ \omega^2 + \omega = -1$ より，

$$\alpha^2 = (\omega - \omega^2)^2 = \omega^2 + \omega^4 - 2\omega^3$$
$$= \omega^2 + \omega - 2 = -1 - 2 = -3$$

となるからです。

p が $3n + 1$ の形の素数のとき,

$$\omega^p = \omega^{3n+1} = (\omega^3)^n \cdot \omega = 1^n \cdot \omega = \omega$$

となり, ω は $x^p = x$ を満たします。よって, 定理 9.4

> $\mathbb{F}_p$ の数は $x^p = x$ を満たす。逆に, $x^p = x$ を満た
> す $\mathbb{F}_{p^2}$ の数は $\mathbb{F}_p$ の数である

より, ω は $\mathbb{F}_p$ の数になります。したがって $\alpha = \omega - \omega^2$ も
$\mathbb{F}_p$ の数になり, $\alpha^2 = -3$ より, -3 は $\mathbb{F}_p$ の平方数です。

p が $3n + 2$ の形の素数のとき,

$$\omega^p = \omega^{3n+2} = (\omega^3)^n \cdot \omega^2 = 1^n \cdot \omega^2 = \omega^2$$

であり, $(x + y)^p = x^p + y^p$ に注意して,

$$\alpha^p = (\omega - \omega^2)^p = \omega^p - (\omega^p)^2 = \omega^2 - \omega^4 = \omega^2 - \omega = -\alpha$$

となります。α は 0 ではなく, $x^p = x$ を満たさないので,
定理 9.4 より, $\mathbb{F}_p$ の数になりません。したがって -3 は $\mathbb{F}_p$
の平方数ではありません。

定理としてまとめましょう。

> **定理 9.5** p が 3 で割って 1 余る素数のとき，-3 は $\mathbb{F}_p$ の平方数である。p が 3 で割って 2 余る素数のとき，-3 は $\mathbb{F}_p$ の平方数ではない。

このように，p 乗の性質は -3 が $\mathbb{F}_p$ の平方数かどうか，という問題に新しい見方を与えます。この議論を発展させると，平方剰余の相互法則のガウス和による証明が得られます。興味のある読者は，巻末参考図書 [6] をご覧ください。

⑨ ④ $\mathbb{F}_p$ 係数の既約 2 次式

9.1 節で，$\mathbb{F}_p$ 係数の 2 次方程式は $\mathbb{F}_{p^2}$ に解をもつことを見ました。この節では，$\mathbb{F}_p$ 係数の既約 2 次式がどれくらいあるかを調べます。$\mathbb{F}_{p^2}$ の数とのあいだに，非常にきれいな関係が得られます。

因数分解できない多項式を，既約な多項式とよびました。$p = 3$ とするとき，$\mathbb{F}_3$ 係数の既約な 2 次式で，2 次の係数が 1 の式はいくつあるのでしょうか。

2 次の係数が 1 の 2 次式

$$x^2 + ax + b \quad (a, b = 0, 1, 2)$$

は $3^2 = 9$ 個あります。このうち既約でない 2 次式は

$$(x - \alpha)(x - \beta) \quad (\alpha, \beta = 0, 1, 2)$$

と因数分解できます。α, β の選び方は互いに異なる選び方が 3 個あり，2 数が等しい選び方が 3 個あるので，2 次の係

数が 1 の既約でない 2 次式は 6 個あります。よって，2 次の係数が 1 の既約な 2 次式は，$9 - 6 = 3$ 個あります。

$$x^2 + 1, \quad x^2 + x + 2, \quad x^2 + 2x + 2$$

の 3 つが，2 次の係数が 1 の既約な 2 次式になります。これらの既約 2 次式から得られる方程式の解を調べてみましょう。

$x^2 + 1 = 0$ を満たす $\mathbb{F}_9$ の数を α とすると，$(\pm\alpha)^2 = -1$ だから，$x = \pm\alpha$ が $x^2 + 1 = 0$ の解になります。

また，$\mathbb{F}_3$ では $1 = -2$ だから，$x^2 + x + 2 = 0$ の左辺は

$$x^2 + x + 2 = (x - 1)^2 + 1$$

と変形できます。$(x - 1)^2 + 1 = 0$ より，$x - 1 = \pm\alpha$ となるので，$x^2 + x + 2 = 0$ の解は $1 \pm \alpha$ となります。

さらに，$x^2 + 2x + 2 = 0$ の左辺は

$$x^2 + 2x + 2 = (x + 1)^2 + 1$$

と変形できます。$(x + 1)^2 + 1 = 0$ より，$x + 1 = \pm\alpha$ となるので，$x^2 + 2x + 2 = 0$ の解は $-1 \pm \alpha$ となります。

これら 3 つの 2 次方程式の解を合わせ，6 個の $\mathbb{F}_9$ での解

$$a + b\alpha \quad (a = 0, \, 1, \, 2, \, b = 1, \, 2)$$

が得られたことになります。

一方，$b = 0$ のとき，

$$a + b \cdot 0 = a \quad (a = 0, \, 1, \, 2)$$

は $\mathbb{F}_3$ の数です。a は 1 次方程式 $x - a = 0$ の解になります。

$\mathbb{F}_3$ 係数で最高次の係数が 1 である 2 次以下の既約多項式

に対して，既約多項式から得られる方程式の解を表にすると，次のようになります．

x	$x-1$	$x-2$	x^2+1	x^2+x+2	x^2+2x+2
0	1	-1	$\pm\alpha$	$1\pm\alpha$	$-1\pm\alpha$

　下段は $\mathbb{F}_9$ の数のすべてです．つまり，$\mathbb{F}_9$ の数は，$\mathbb{F}_3$ 係数の 1 次方程式と既約 2 次式から得られる 2 次方程式の解全体と一致します．この現象は一般に成り立ちます．一般の $\mathbb{F}_p$ について考えてみましょう．

　β を $\mathbb{F}_{p^2}$ の数とします．β が $\mathbb{F}_p$ の数ならば，β は $\mathbb{F}_p$ 係数の 1 次方程式 $x-\beta=0$ を満たします．

　β が $\mathbb{F}_p$ の数でないとします．β は $x^p=x$ を満たさないので，$\beta^p\neq\beta$ です．また，β は $\mathbb{F}_{p^2}$ の数だから，$\beta^{p^2}=\beta$ が成り立ちます．

$$a=\beta+\beta^p, \quad b=\beta\beta^p$$

とおきます．このとき，公式 $(x+y)^p=x^p+y^p$，$(xy)^p=x^py^p$ より，

$$a^p=(\beta+\beta^p)^p=\beta^p+\beta^{p^2}=\beta^p+\beta=a,$$
$$b^p=\beta^p\beta^{p^2}=\beta^p\beta=b$$

となり，a,b は $x^p=x$ を満たします．よって，a,b は $\mathbb{F}_p$ の数です．

$$x^2-ax+b=x^2-(\beta+\beta^2)x+\beta\beta^2=(x-\beta)(x-\beta^p)$$

が成り立つので，β は $\mathbb{F}_p$ 係数の 2 次方程式 $x^2-ax+b=0$

の解になります。また，β は $\mathbb{F}_p$ の数でないので，$x^2 - ax + b$ は既約です。

このように，$\mathbb{F}_{p^2}$ の数のうち $\mathbb{F}_p$ の数 β は，$\mathbb{F}_p$ 係数の 1 次式 $x - \beta$ に対応し，$\mathbb{F}_p$ の数でない β は，β, β^p の異なる 2 つの数の組が $\mathbb{F}_p$ 係数の既約 2 次式 $x^2 - ax + b$ に対応します。

このことから，$\mathbb{F}_p$ 係数の最高次の係数が 1 である 1 次，2 次の既約多項式の個数をそれぞれ，N_1, N_2 とおくと，

$$N_1 + 2N_2 = p^2$$

が成り立つことがわかります。

⑨／⑤ ガロア理論入門

この章では，m を $\mathbb{F}_p$ の平方数でない数，α を $x^2 = m$ を満たす数として，

$$a + b\alpha \quad (a, b \text{ は } \mathbb{F}_p \text{ の数})$$

という形の数の世界 $\mathbb{F}_{p^2}$ を調べてきました。$\mathbb{F}_p$ 係数の 2 次方程式は $\mathbb{F}_{p^2}$ に解をもち，$\mathbb{F}_{p^2}$ の数は $x^{p^2} = x$ を満たしました。

このような現象は，一般に成り立つことが知られています。$\mathbb{F}_p$ 係数の既約 d 次多項式から，四則演算が定まる p^d 個の数の世界 $\mathbb{F}_{p^d}$ がつくられます。$\mathbb{F}_p$ 係数の既約 d 次多項式から得られる方程式は，$\mathbb{F}_{p^d}$ に解をもち，$\mathbb{F}_{p^d}$ の数は $x^{p^d} = x$ を満たします。

$\mathbb{F}_p$ が $\mathbb{F}_{p^2}$ に含まれたように, $\mathbb{F}_p$ が $\mathbb{F}_{p^d}$ に含まれ, $x^p = x$ を満たす $\mathbb{F}_{p^d}$ の数が $\mathbb{F}_p$ の数になります。より一般に, 次の定理が成り立ちます。

定理 9.6 d が n を割り切るとき, $\mathbb{F}_{p^d}$ が $\mathbb{F}_{p^n}$ に含まれる。逆に, $\mathbb{F}_{p^d}$ が $\mathbb{F}_{p^n}$ に含まれるとき, d が n を割り切る。

$$
\begin{array}{ll}
n & \mathbb{F}_{p^n} = \{x^{p^n} = x \text{ を満たす数全体}\} \\
| & \quad | \\
d & \mathbb{F}_{p^d} = \{x^{p^d} = x \text{ を満たす数全体}\} \\
| & \quad | \\
1 & \mathbb{F}_p \;\; = \{x^p = x \text{ を満たす数全体}\}
\end{array}
$$

定理 9.6 の前半は, 次のように説明できます。

r が s を割り切るとき, $x^r - 1$ が $x^s - 1$ を割り切りました。d が n を割り切るとき, $p^d - 1$ が $p^n - 1$ を割り切るので, $x^{p^d-1} - 1$ が $x^{p^n-1} - 1$ を割り切ります。したがって, $x^{p^d} - x$ が $x^{p^n} - x$ を割り切ります。

よって, $x^{p^d} - x = 0$ を満たす数は, $x^{p^n} - x = 0$ を満たします。このことから, $\mathbb{F}_{p^d}$ の数は $\mathbb{F}_{p^n}$ に含まれることがわかります。

定理 9.6 の後半が成り立つ理由は, 本書のレベルを超えるので省略します。

素数 p と自然数 n に対し, 四則演算が定まる p^n 個の数の世界 $\mathbb{F}_{p^n}$ があります。この数の世界は, $x^{p^n} = x$ を満たす p^n 個の数の全体になります。

そして, 2つの数の世界 $\mathbb{F}_{p^d}$, $\mathbb{F}_{p^n}$ の含まれる, 含むの関係

が、d と n の約数倍数の関係で表されています。$\mathbb{F}_{p^n}$ $(n \geq 1)$ の世界は、約数倍数に着目した自然数の世界と同じ形をしています。美しい関係です。ここで紹介した関係については、巻末参考図書 [2]、[8] に解説があります。

このように方程式の解で表され、四則演算が定められる数の世界の関係を表す理論を**ガロア理論**といいます。

⑨／⑥　ガロアと有限体

この節の内容は、巻末参考図書 [10] に負っています。

有限体論を最初に発表したのはガロアです。ガウスも同様の研究成果を挙げていましたが、生前に論文が発表されることはありませんでした。

ガロアは方程式論、とくに、5 次以上の代数方程式の解の公式の存在、非存在の問題に興味をもって、$\mathbb{F}_p$ 係数の方程式の研究に到達しました。

1830 年の「数の理論について」という論文の中で、$\mathbb{F}_p$ 係数の既約 n 次式 $f(x)$ より得られる方程式 $f(x) = 0$ の解から有限体 $\mathbb{F}_{p^n}$ が構成できること、$\mathbb{F}_{p^n}$ のフェルマーの小定理が成り立つこと、$\mathbb{F}_{p^n}$ に原始根が存在すること等が示されています。

また、$f(x) = 0$ の解が、$\alpha, \alpha^p, \cdots, \alpha^{p^{n-1}}$ と表されることを示しています。それぞれを p 乗すると、

$$\alpha \quad \rightarrow \quad \alpha^p \quad \rightarrow \quad \cdots \quad \rightarrow \quad \alpha^{p^{n-1}} \rightarrow \quad \alpha^{p^n} = \alpha$$

と、解が巡回的に移り合います。そして、α は $\mathbb{F}_{p^n}$ のフェルマーの小定理より、$\alpha^{p^n-1} = 1$ を満たします。つまり、α

は 1 のべき乗根になっています。

　ガロアは，この事実をもとに一般の代数方程式の場合を考え，代数方程式の解が係数の四則演算とべき乗根の繰り返しで表せるかどうかを，解の置換の満たす条件で表しています。

　ガロアの結果により，4 次以下の方程式の解は四則演算とべき乗根の繰り返しで解け，5 次以上の方程式は (特別な場合を除いて) 四則演算とべき乗根の繰り返しだけでは解けないことがわかります。このことから，5 次以上の代数方程式が解の公式をもたないことがいえます。

　有限体 (ガロア体) は数論だけでなく，応用上も重要な概念です。とくに，現代の符号理論や実験計画法，暗号理論などの分野において，なくてはならないものになっています。

第10章

有限体上の楕円曲線

プリムとツァールは $\mathbb{F}_9$ の館を出ました。隣には，$\mathbb{F}_8$ の館が建っています。

「『この館では $1+1=0$ とする』って書いてあるよね」

ツァールが言うとプリムが微笑みます。ふたりは，有限個の数の世界の法則を理解しました。

「あれっ！」

ツァールが叫びました。門があった場所にカレンダーが落ちています。正方形が描かれた，ふたりで数遊びをしていたあのカレンダーです。そして，新しい看板が立っています。

有限個の数の世界と整数の世界の共演

プリムが口を開きます。

「この問題を解くと，もとの世界に戻れるんじゃないかな」

「どうして？」

「ふつうの数の世界が出てきたから」

「なるほど」

プリムは，

幾何，数論，代数

と，キーワードを並べて書きました。

「これらを組み合わせると何ができるだろう？」

「代数と数論。代数と幾何。数論と幾何」

「きっと新しい数学があるはずだ」

「そうだね！」

「数の法則，数式の力，図形の性質が絡み合った数学。いったいどんな数学の世界だろう？」

　このとき，有限個の数の世界とふつうの数の世界がつながり始めていました。

10 1 楕円曲線

　円 $x^2 + y^2 = 1$ は，どのように発展していくのでしょうか。$x^n + y^n = 1$，$x^2 + y^2 + x^2 y^2 = 1$ など，視点によってさまざまな進化があることを歴史が教えています。

　ここでは

$$y^2 = x^3 + ax + b$$

で表される**楕円曲線**とよばれる曲線に着目することにします。とくに，$y^2 = x^3 - x$ という楕円曲線について考えます。

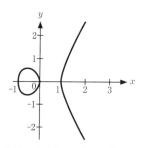

ふつうの実数の世界の $y^2 = x^3 - x$ のグラフ

楕円曲線は，代数学，解析学，幾何学が関係する豊かで重

要な対象です。楕円曲線は x, y の方程式で表されるので，有限体 $\mathbb{F}_p$ の世界でも考えることができます。楕円曲線の有理点の研究は，20 世紀の主要なテーマの 1 つでした。

また，ミレニアム問題の 1 つであるバーチ＝スウィンナートン・ダイヤー予想も，楕円曲線に関する予想です。楕円曲線は大きな数の素因数分解や暗号理論にも応用があり，現在も多くの研究が進んでいる分野です。

$y^2 = x^3 - x$ を満たす $\mathbb{F}_p$ の数の組 (x, y) を，$\mathbb{F}_p$ **有理点**とよびます。楕円曲線の $\mathbb{F}_p$ 有理点にも美しい法則があります。

$y^2 = x^3 - x$ の $\mathbb{F}_p$ 有理点の個数を調べてみましょう。

$p = 3$ とします。x を $\mathbb{F}_3$ の数として，$x^3 - x$ の値を表にすると，

x	0	1	2
$x^3 - x$	0	0	0

となります。$y^2 = x^3 - x = 0$ より $y = 0$ となるので，

$$(0, 0), \quad (1, 0), \quad (2, 0)$$

の 3 つが $\mathbb{F}_3$ 有理点です。

$p = 5$ とします。x を $\mathbb{F}_5$ の数として，$x^3 - x$ の値を表にすると，

x	0	1	2	3	4
$x^3 - x$	0	0	1	4	0

となります。

$$y^2 = x^3 - x = 0 \text{ のとき, } y = 0,$$
$$y^2 = x^3 - x = 1 \text{ のとき, } y = 1, 4,$$
$$y^2 = x^3 - x = 4 \text{ のとき, } y = 2, 3$$

となるので,

$$(0, 0), \quad (1, 0), \quad (2, 1), \quad (2, 4),$$
$$(3, 2), \quad (3, 3), \quad (4, 0)$$

の 7 つが $\mathbb{F}_5$ 有理点であることがわかります。

　このような計算を続けて, 奇数の素数 p について, 楕円曲線 $y^2 = x^3 - x$ の $\mathbb{F}_p$ 有理点の個数 N_p を計算すると, 以下のようになります。

p	3	5	7	11	13	17	19	23	29	31	37	41
N_p	3	7	7	11	7	15	19	23	39	31	39	31

　ここに, どのような法則があるでしょうか。
　まず, わかることは,

$$p = 3, 7, 11, 19, 23, 31$$

で, $N_p = p$ が成り立っています。これらは, どのような素数でしょうか。$N_p = p$ が成り立たない素数 5, 13, 17, 29, 37, 41 と比較すると, わかりやすいかもしれません。

　　p が 4 で割って 3 余る素数のとき, $N_p = p$ が成り
　　立っています。

　一方, p が 4 で割って 1 余る素数のとき, $p = 5, 13, 17, 29,$

37, 41 の N_p の値を見ただけでは法則がつかめません。

N_p の法則はどのようになっているのでしょうか。これらの現象の奥に秘められている真実を探っていきましょう。

⑩∞② $y^2 = x^3 - x$ の有理点の法則 ①

p が 4 で割って 3 余る素数の場合は，$\mathbb{F}_p$ における $y^2 = x^3 - x$ の有理点の個数 N_p について，$N_p = p$ が成り立つことが予想されました。どうしてこのような現象が起こるのでしょうか。

$\mathbb{F}_p$ における $y^2 = x^3 - x$ の $\mathbb{F}_p$ 有理点を数えることは，$x^3 - x$ が $\mathbb{F}_p$ の平方数になる x を数えることです。$x = 0, 1, 2, \cdots, p-1$ に対し，$x^3 - x$ の値を詳しく調べてみましょう。

$x^3 - x = x(x-1)(x+1)$ であり，$\mathbb{F}_p$ において，$-1 = p-1$ だから，$x = 0, 1, p-1$ のとき，$x^3 - x = 0$ となります。

$p = 3$ とします。上に述べたことより，$x = 0, 1, 2$ に対し，$x^3 - x = 0$ です。

$p = 7$ とします。$x = 0, 1, 2, \cdots, 6$ に対し，$x^3 - x$ を計算すると，次の表のようになります。

x	0	1	2	3	4	5	6
$x^3 - x$	0	0	6	3	4	1	0

上で見たように，$\mathbb{F}_7$ では $x = 0, 1, 6$ のとき，$x^3 - x = 0$ です。残りの 6, 3, 4, 1 の後半を，$\mathbb{F}_7$ において $4 = -3, 1 = -6$ であることを用いて書き直すと，

x	0	1	2	3	4	5	6
$x^3 - x$	0	0	6	3	-3	-6	0

となります。符号を無視すると $6, 3, 3, 6$ となり，6 と 3 が対称に並びます。

　一般に p を奇数の素数とするとき，$x = a, p - a$ $(a \neq 0, 1, p - 1)$ における $x^3 - x$ の値は，0 でない数とその -1 倍の数になります。理由は次のとおりです。

　まず，$x = a$ における $x^3 - x$ の値は $a^3 - a$ です。$a \neq 0, 1, p - 1$ だから，$a^3 - a$ は 0 でない数です。そして，$x = p - a$ における $x^3 - x$ の値は，$\mathbb{F}_p$ において，$p - a = -a$ だから，

$$(-a)^3 - (-a) = -(a^3 - a)$$

となります。よって，$x = p - a$ における $x^3 - x$ の値は，$x = a$ における $x^3 - x$ の値の -1 倍です。

　さらに，$x = a, p - a$ $(a \neq 0, 1, p - 1)$ における $x^3 - x$ の値は，一方が平方数でもう一方が平方数でない数です。

　$p = 7$ のときで見ると，$x = 2, 5$ のとき，それぞれ $x^3 - x = 6, -6$ です。$-6 = 1$ は $\mathbb{F}_7$ の平方数であり，6 は $\mathbb{F}_7$ で平方数ではありません。$x = 3, 4$ のとき，それぞれ $x^3 - x = 3, -3$ です。$-3 = 4$ は $\mathbb{F}_7$ の平方数であり，3 は $\mathbb{F}_7$ の平方数ではありません。

　このことは，p が 4 で割って 3 余る素数のとき，平方剰余の相互法則の第 1 補充法則 (定理 4.4) より，-1 が $\mathbb{F}_p$ の平方数でないことから次のように導かれます。

　定理 4.5 より，$\mathbb{F}_p$ の 0 でない数について，

$$(平方数) \times (平方数でない数) = (平方数でない数)$$

$$(平方数でない数) \times (平方数でない数) = (平方数)$$

が成り立ちます。-1 は平方数でないので,

$$(平方数) \times (-1) = (平方数でない数)$$

$$(平方数でない数) \times (-1) = (平方数)$$

です。よって,$x^3 - x = \pm k$ であるとき,k が平方数ならば,$-k$ は平方数でない数になり,k が平方数でなければ,$-k$ は平方数になります。

以上により,$x^3 - x$ $(x \neq 0, 1, p-1)$ の値のうち,半数が平方数で半数が平方数でないことがわかりました。

このことを利用して,$y^2 = x^3 - x$ の $\mathbb{F}_p$ 有理点を数えましょう。

$x = 0, 1, p-1$ のときは,$y^2 = x^3 - x = 0$ となり,$y = 0$ となります。したがって,まず

$$(0, 0), \quad (1, 0), \quad (p-1, 0)$$

の 3 個は $\mathbb{F}_p$ 有理点です。

残りの $x = 2, 3, \cdots, p-2$ のときの有理点を数えましょう。

$x = 2, 3, \cdots, p-2$ の,$p-3$ 個の x のうち,ちょうど半分の x に対して $x^3 - x$ が平方数でした。$x^3 - x$ が 0 でない $\mathbb{F}_p$ の平方数ならば,$y^2 = x^3 - x$ を満たす $\mathbb{F}_p$ の数 y は 2 個あります。よって,$x = 2, 3, \cdots, p-2$ のときの $y^2 = x^3 - x$ の $\mathbb{F}_p$ 有理点の個数は,

$$\frac{p-3}{2} \times 2 = p - 3$$

となります。

したがって，$y^2 = x^3 - x$ の $\mathbb{F}_p$ 有理点の個数は

$$N_p = 3 + (p - 3) = p$$

です。

⑩ ③ $y^2 = x^3 - x$ の有理点の法則 ②

p が 4 で割って 1 余る素数のときは，$y^2 = x^3 - x$ の $\mathbb{F}_p$ 有理点の個数 N_p にどのような法則があるでしょうか。

p	3	5	7	11	13	17	19	23	29	31	37	41
N_p	3	7	7	11	7	15	19	23	39	31	39	31

表からは，$p = 5, 13, 17, 29, 37, 41$ の場合は不規則に見えます。しかし，ここに深い法則がひそんでいるのです。

この説明のため，「フェルマーの平方和定理」を紹介します。この定理は，4 で割って 1 余る素数についての美しい定理です。

> **定理 10.1**　4 で割って 1 余る素数 p は 2 つの平方数の和で表される。つまり，$p = a^2 + b^2$ を満たす整数 a, b が存在する。4 で割って 3 余る素数は 2 つの平方数の和で表せない。

証明は割愛しますが，いくつかの例で定理の前半を確認してみましょう。4 で割って 1 余る素数は

$$5, \quad 13, \quad 17, \quad 29, \quad 37, \quad 41, \quad \cdots$$

と続きます。これらについて

$$5 = 1^2 + 2^2,$$
$$13 = 2^2 + 3^2,$$
$$17 = 1^2 + 4^2,$$
$$29 = 2^2 + 5^2,$$
$$37 = 1^2 + 6^2,$$
$$41 = 4^2 + 5^2,$$
$$\cdots$$

のようになり，p が 4 で割って 1 余る素数であるとき，確かに $p = a^2 + b^2$ を満たす (a, b) が存在します。このとき，a^2 を奇数，b^2 を偶数としてもかまいません。そして b を正の偶数とします。

　さらに a の値を次のように決めます。

　　b が 4 で割り切れる偶数のとき，a を 4 で割って 1
　　余る奇数とし，b が 4 で割って 2 余る偶数のとき，
　　a を 4 で割って 3 余る奇数とする。

　このように a, b の値を定めることができ，分解はひととおりになることがわかっています。このような分解は**準素分解**とよばれています。

$p = 5$ を準素分解してみましょう。

$5 = 1^2 + 2^2$ だから，$b = 2$ とします。このとき，$a = \pm 1$ ですが，b は 4 で割って 2 余る偶数だから，a を 4 で割って 3 余る数になるように選ぶと $a = -1$ となります。したがって，5 を準素分解すると，

$$5 = (-1)^2 + 2^2$$

となります。同様にして，$p = 13,\ 17,\ 29,\ 37,\ 41$ を準素分解すると，

$$13 = 3^2 + 2^2,$$
$$17 = 1^2 + 4^2,$$
$$29 = (-5)^2 + 2^2,$$
$$37 = (-1)^2 + 6^2,$$
$$41 = 5^2 + 4^2$$

となります。

　この分解が，$\mathbb{F}_p$ 有理点の個数 N_p と深く関係してきます。どのような関係にあるのでしょうか。

　p が 4 で割って 1 余る素数のときの N_p の値は，次の表のようになっていました。

p	5	13	17	29	37	41
N_p	7	7	15	39	39	31

　ここで，$p - 2a$ を計算します。a は p を準素分解したときの奇数 a の値です。

　$p = 5$ のとき，

$$p - 2a = 5 - 2 \cdot (-1) = 7,$$

$p = 13$ のとき,

$$p - 2a = 13 - 2 \cdot 3 = 7,$$

$p = 17$ のとき,

$$p - 2a = 17 - 2 \cdot 1 = 15,$$

$p = 29$ のとき,

$$p - 2a = 29 - 2 \cdot (-5) = 39,$$

$p = 37$ のとき,

$$p - 2a = 37 - 2 \cdot (-1) = 39,$$

$p = 41$ のとき,

$$p - 2a = 41 - 2 \cdot 5 = 31$$

となります。$y^2 = x^3 - x$ の $\mathbb{F}_p$ 有理点の個数と,あざやかに一致しています。

以上の観察から,次のことがいえそうです。

> p を 4 で割って 1 余る素数とする。$y^2 = x^3 - x$ の有理点の個数 N_p は $p = a^2 + b^2$ と準素分解したとき,
>
> $$N_p = p - 2a$$
>
> となる。

この事実は，ガウスによって示されています。本書のレベルを超えるので証明はしませんが，前節で解説した法則を合わせてまとめておきます。

定理 10.2　p が 4 で割って 1 余る素数のとき，$p = a^2 + b^2$ を準素分解すると，$y^2 = x^3 - x$ の $\mathbb{F}_p$ 有理点は $p - 2a$ 個ある。p が 4 で割って 3 余る素数のとき，$y^2 = x^3 - x$ の $\mathbb{F}_p$ 有理点は p 個ある。

10・4　2次式の素数値

最後の 2 節は，楕円曲線の有限体上の有理点が思いもかけないことがらと深く関係してくる現象を紹介します。有限体の世界から見えるこのふしぎな世界を，ぜひ知っていただきたいと思います。

素数が無数に存在することは，ユークリッドが『原論』の中で証明しています。では，1 次式 $4x + 1$ や $4x + 3$ の中に素数は無数に存在するのでしょうか。

$4x + 1$ に $x = 0, 1, 2, 3, \cdots$ と値を代入すると

$$1, \quad 5, \quad 9, \quad 13, \quad 17, \quad 21, \quad 25, \quad 29, \quad 33, \quad 37, \quad \cdots$$

となり，素数 5, 13, 17, 29, 37, $\cdots$ が存在しています。

また，$4x + 3$ に $x = 0, 1, 2, 3, \cdots$ と値を代入すると

$$3, \quad 7, \quad 11, \quad 15, \quad 19, \quad 23, \quad 27, \quad 31, \quad 35, \quad 39, \quad \cdots$$

となり，素数 3, 7, 11, 19, 23, 31, $\cdots$ が存在しています。

じつは，これらの 1 次式の中に，素数は無数に存在することがわかっています。もっと一般に，a と b が互いに素である 1 次式 $ax + b$ の中に，素数が無数に存在することが証明されています。これはディリクレの算術級数定理とよばれていて，1837 年にディリクレが解析学を使って証明した大きな定理です。

では，2 次式 $ax^2 + bx + c$ についてはどうでしょうか。ふしぎなことに，$x^2 + 1$ の中に素数が無数に存在するかどうかはまだわかっていません。未解決の難問なのです。

この節で紹介したいのは，2 次式 $x^2 + 1$ の素数値と，楕円曲線 $y^2 = x^3 - x$ とのあいだに深い関係があることです。証明はできませんが，ふしぎな現象を味わってください。

$y^2 = x^3 - x$ の $\mathbb{F}_p$ 有理点の個数 N_p の表をもう一度掲げます。

p	3	5	7	11	13	17	19	23	29	31	37	41
N_p	3	7	7	11	7	15	19	23	39	31	39	31

$a_p = p - N_p$ として，a_p の値を求めます。

p	3	5	7	11	13	17	19	23	29	31	37	41
a_p	0	-2	0	0	6	2	0	0	-10	0	-2	10

一方，$x^2 + 1$ の値を素因数分解してみましょう。

x	$x^2 + 1$
1	2
2	**5**
3	$10 = 2 \cdot 5$
4	**17**
5	$26 = 2 \cdot 13$
6	**37**
7	$50 = 2 \cdot 5^2$
8	$65 = 5 \cdot 13$
9	$82 = 2 \cdot 41$
10	**101**

　$x^2 + 1$ の値が奇数の素数のところを太字にしています。ここに，どういう法則があるでしょうか。

　表を見比べると，$x^2 + 1$ の素数値となっている奇数の素数 p について，a_p の値がすべて ± 2 になっていることに気づきます。つまり，次のことがいえます。

　p が奇数の素数であるとき，$p = x^2 + 1$ を満たす整数 x が存在するための必要十分条件は，$a_p = \pm 2$ である。

　$p = 101$ について，a_p の値は表にありませんが，

$$101 = (-1)^2 + 10^2$$

と準素分解できるので，定理 10.2 より，

$$N_{101} = 101 - 2 \times (-1) = 103$$

であり，

$$a_{101} = 101 - N_{101} = -2$$

です。

$p = x^2 + 1$ となる素数 p が無数にあるかどうか，つまり，2 次式 $x^2 + 1$ の中に素数が無数に現れるかどうかは未解決の難問ですが，上のことから，$a_p = \pm 2$ となる素数 p が無数に存在すれば，$x^2 + 1$ の中に素数が無数にあることがいえるわけです。

ただし，どちらのほうがより難しい問題であるのかはわかりません。a_p の世界もまた，深い謎に満ちているのです。

⓾ ⑤ 谷山・志村予想

この節では，楕円曲線 $y^2 = x^3 - x$ とふしぎな関係をもつ無限積を紹介します。

無限和

$$\sum_{n=1}^{\infty} a_n$$

は，a_n に $n = 1, 2, 3, \cdots$ と代入していって，そのすべてを足したものです。つまり，

$$\sum_{n=1}^{\infty} a_n = a_1 + a_2 + a_3 + \cdots + a_n + \cdots$$

です。これに対して無限積は，

$$\prod_{n=1}^{\infty} a_n$$

と表されます。無限積は，a_n に $n = 1, 2, 3, \cdots$ と代入していって，そのすべてをかけたものです。つまり，

$$\prod_{n=1}^{\infty} a_n = a_1 \times a_2 \times a_3 \times \cdots \times a_n \times \cdots$$

です。

ここで，q の多項式の無限積

$$q \prod_{n=1}^{\infty} \{(1-q^{4n})^2 (1-q^{8n})^2\}$$

を考えます。この式の $(1 - q^{4n})^2 (1 - q^{8n})^2$ に $n = 1, 2, 3, \cdots$ を代入すると，

$$q \prod_{n=1}^{\infty} \{(1-q^{4n})^2 (1-q^{8n})^2\}$$
$$= q(1-q^4)^2(1-q^8)^2(1-q^8)^2(1-q^{16})^2$$
$$\times (1-q^{12})^2(1-q^{24})^2 \cdots$$

という式になります。無限にかけているのですが，最初からかけ算をしていくと q の次数の低いほうから確定していきます。

たとえば，

$$q(1-q^4)^2(1-q^8)^2 = q-2q^5-q^9+4q^{13}-q^{17}-2q^{21}+q^{25}$$

で，$q - 2q^5$ までは確定しています。なぜなら，次に

$$(1-q^8)^2(1-q^{16})^2 = 1 - 2q^8 - q^{16} + 4q^{24} - q^{32} - 2q^{40} + q^{48}$$

をかけても q の 8 次以下の項には影響はなく，さらに，その後に $(1-q^{4n})^2(1-q^{8n})^2$ $(n \geq 3)$ をかけても q の 12 次以下の項には影響はないからです。

このように，無限積は次数の低い項から順に定まっていきます。計算を続けると，無限積は

$$q - 2q^5 - 3q^9 + 6q^{13} + 2q^{17} - q^{25} - 10q^{29} - 2q^{37} + 10q^{41} + \cdots$$

となります。すなわち，無限積を展開すると無限和になります。

ここで，右辺の無限和の q^n の係数を b_n で表すと，

$$q \prod_{n=1}^{\infty} \{(1-q^{4n})^2(1-q^{8n})^2\} = \sum_{n=1}^{\infty} b_n q^n$$
$$= q - 2q^5 - 3q^9 + 6q^{13} + 2q^{17} - q^{25} - 10q^{29}$$
$$- 2q^{37} + 10q^{41} + \cdots$$

と書くことができます。q^2 や q^3 の項はありませんが，この場合は $b_2 = 0$，$b_3 = 0$ のように係数が 0 と考えます。

ここで，非常にふしぎな現象が起こっています。

q の指数が素数の項，つまり q^p の項の係数を見ると，

$$b_5 = -2, \quad b_{13} = 6, \quad b_{17} = 2,$$
$$b_{29} = -10, \quad b_{37} = -2, \quad b_{41} = 10$$

となっています。一方，楕円曲線 $y^2 = x^3 - x$ の $\mathbb{F}_p$ 有理点

の表における $a_p = p - N_p$ の値は

p	3	5	7	11	13	17	19	23	29	31	37	41
a_p	0	−2	0	0	6	2	0	0	−10	0	−2	10

でした。つまり,

$$a_p = b_p$$

が成り立っているのです。

上の無限積の展開で, $p = 3, 7, 11, 19, 23, 31$ の項は現れていませんが, これらの素数 p について, $b_p = 0$ です。$y^2 = x^3 - x$ の $\mathbb{F}_p$ 有理点の表で, $p = 3, 7, 11, 19, 23, 31$ における $a_p = p - N_p$ の値はすべて 0 で, やはり $a_p = b_p$ が成り立っています。

q の指数が素数の項の係数を見ると, 係数 0 の場合も含めて, 完全に $y^2 = x^3 - x$ の表の $a_p = p - N_p$ の値と一致しています。

この現象の背後には, どのような数学がひそんでいるのでしょうか。

ここに書いた無限積は「保型形式」とよばれているもので, 数論において重要なものです。本来は別のものである 2 つのもののあいだにあるふしぎな関係, すなわち, 有理数を係数とする楕円曲線 $y^2 = x^3 + ax + b$ と保型形式とのふしぎな関係は, **谷山・志村予想**とよばれています。谷山・志村というのは, 日本人の数学者, 谷山豊 (1927-1958) と志村五郎 (1930-2019) のことです。

ワイルズがこの予想の一部を解決することによって, フェ

ルマーの最終定理の証明を完成したことは，歴史的な出来事です。

　有限個の数の世界は，$\mathbb{F}_2$，$\mathbb{F}_3$，$\mathbb{F}_5$，$\cdots$ と，素数ごとに存在します。素数を固定すると，有限個の数の世界が $\mathbb{F}_p$，$\mathbb{F}_{p^2}$，$\mathbb{F}_{p^3}$，$\cdots$ と，無限に進化していきます。

　さらに，それぞれの数の世界において，数論の世界，有限幾何の世界，方程式の世界，代数曲線の世界があります。

　有限個の数の世界の中に無限の数学が広がっているのです。

エピローグ

　プリムが看板に解説を書き終えると，あたり一面が暗くなって，空に満天の星が見え始めました。ツァールが驚いています。

「あれっ，館が見えなくなった。戻ってきたの？」

「うん。有限個の数の世界とふつうの数の世界がつながったんだ」

　ツァールが少し歩いてみると，大好きな原っぱの香りがしました。四方を見渡しても，もう館はありません。遠くに黒く見えるのは，プリムとツァールが暮らす森のようです。

　ツァールは，星空にオリオン座を探しました。オリオンの右肩にあたる赤い星がベテルギウス，左足にあたる白い星がリゲル。ベルトのあたりを見ると三つ星が輝いています。

　プリムには，この三つ星が $0, 1, 2$ の 3 つの数に見えています。ツァールには，仲よく輝くベテルギウスとリゲルが，プリムとツァールに見えています。

　ふたりはまた，新しい数の法則を発見することでしょう。またいつか，$\mathbb{F}_3$ や $\mathbb{F}_9$ などの館を訪れることがあるかもしれません。

　プリムとツァールは，ゆっくりと森の中へ戻っていきました。数の世界の話をするのが大好きなふたりです。明日もまた，$0, 1, 2$ の 3 つの数の世界の話に花が咲くことでしょう。

　私たちの知らないところで，確かに，有限個の数の世界が無限に広がっているのです。

*

　これで，プリムとツァールの有限個の数の世界への長い旅は終わりです。

　じつは，ふたりの名前は「素数」を意味するドイツ語「Primzahl (プリムツァール)」から採っています。本書を読まれて素数に興味をもたれた方は，さらに素数のふしぎな世界を訪れてみてください。

参考図書

[1] 加藤文元，『ガロア』，中公新書 (2010)

[2] 銀林浩，『有限世界の数学』(上)(下)，国土社 (1972, 1973)

[3] 栗原将人，『ガウスの数論世界をゆく』，数学書房 (2017)

[4] 小池正夫，『実験・発見・数学体験』，数学書房 (2011)

[5] 小林吹代，『ガロアの数学「体」入門』，技術評論社 (2018)

[6] 小野孝，『数論序説』，裳華房 (1987)

[7] 芳沢光雄，『無限と有限のあいだ』，PHP サイエンス・ワールド新書 (2013)

[8] 谷口隆，「有限体の不思議な森」，『数学セミナー』2018年 10 月号，日本評論社

[9] 山崎隆雄，『初等整数論』，共立出版 (2015)

[10] 山下純一，『ガロアへのレクイエム』，現代数学社 (1986)

[11] 中村幸四郎 他訳，『ユークリッド原論』追補版，共立出版 (2011)

本書の執筆にあたり，上記の本を参考にしました。
ガロアの生涯については，［1］のほか，

岩田義一，『偉大な数学者たち』，ちくま学芸文庫 (2006)

が読みやすく書かれています．本書で紹介した数論について，わかりやすくきちんと書かれたものに，

J.H. シルヴァーマン，鈴木治郎訳，『はじめての数論』原著第 3 版，ピアソン・エデュケーション (2007)

があります．

ラテン方陣，オイラー方陣，有限幾何，ブロックデザインについては，［5］や

ロビン・ウィルソン，川辺治之訳，『組合せ数学』，岩波書店 (2018)

が，やさしく書かれた入門書です．

有限体については，数論や符号理論などの本に記述がありますが，［4］，［9］は有限体をめぐる数学について，特色のある解説がなされています．また，有限体についてのまとまった本に［2］があります．

谷山・志村予想については，

サイモン・シン，青木薫訳，『フェルマーの最終定理』，新潮文庫 (2006)

に説明があります．フェルマー予想の解決の歴史と，それに関係する数学の入門的な内容が述べられています．

さくいん

【アルファベット・数字】

a_p 224, 225, 229

d乗数   128

$\mathbb{F}_p$ 50, 65, 88, 117, 132, 148, 175, 194, 214

$\mathbb{F}_{p^n}$ 209

$\mathbb{F}_{p^n}$のフェルマーの小定理   210

$\mathbb{F}_{p^2}$ 194, 196, 200, 201, 207

$\mathbb{F}_{p^2}$のフェルマーの小定理   201

$\mathbb{F}_p$係数の既約2次式   205

$\mathbb{F}_p$係数の多項式   117, 199

$\mathbb{F}_p$係数の方程式   124, 210

$\mathbb{F}_p$のかけ算の性質   123

$\mathbb{F}_p$有理点   214

$\mathbb{F}_2$係数の多項式   117

$\mathbb{F}_3$係数の多項式   118, 187

$\mathbb{F}_3$係数の方程式   186

ISBN   158

N_p 215, 219

p個の数の世界   35, 41, 48, 117, 125, 132, 148

p乗   198, 203

13日の金曜日   5, 150

2乗数   128

2つの数の世界   35, 67

3つの数の世界   20, 29, 73, 93, 186

36士官問題   81

4つの数の世界   58, 177

5つの数の世界   25, 32, 50, 93, 104

7つの数の世界   27, 52, 93

【人名】

オイラー   66, 81, 169

ガウス   109, 156, 168, 176, 210, 223

ガロア   50, 171, 175, 188, 210

志村五郎   229

シュヴァリエ   176

谷山豊   229

ディリクレ   224

パスカル   54

フェルマー   54

ヤコビ   176

ユークリッド   37, 223

ラグランジュ   176

リュービル	177
ルジャンドル	169, 175
ワイルズ	229

【あ行】

誤り検出符号	159
暗号（技術・理論）	
	143, 175, 211, 214
因数定理	116, 119, 131
ウィルソンの定理	
	57, 101, 125, 137, 166
うるう年	150
オイラーの関数	146
オイラーの規準	
	93, 98, 127, 129, 167
オイラー方陣	66, 80
「黄金定理」	109, 148, 168

【か行】

ガウスの補題	109, 111
ガウス和	205
かけ算の性質	48
カレンダー	3, 149, 152, 156
カレンダーの（数の）法則	4, 155
ガロア体	8, 50, 175, 198
ガロアの虚数	187

ガロア理論	176, 210
幾何学	65
『幾何学原論』	175
奇数	37, 38
逆数	34, 185, 190
既約（な）多項式	120, 206
行	20
虚数	93
虚数単位	66, 121, 184, 186
偶数	37
原始根	138, 143, 144, 210
『原論』	37, 223
合成数	171, 174
交点	68
合同式	110, 155, 161, 165, 170

【さ行】

座標	64, 67
指数法則	199
自然数	8, 22, 25, 38, 41
自然数を法とする合同式	171
自然対数の底	66
四則演算	8, 19, 32, 35, 40,
	50, 70, 176, 177, 194
実験計画法	82, 175, 211
実数	50, 93, 184

準素分解　　　　　　　220, 223

数　　　　　　　　3, 64, 213

数学的帰納法　　　　　　124

数「曲」線　　　　　　　43

数式　　　　　　116, 155, 213

数直線　　　　　　　　　41

「数の理論について」
　　　　　175, 176, 188, 210

図形　　　　　　　　64, 213

整数　　19, 25, 29, 120, 147, 155

整数係数の多項式　　　　117

『整数論』　　　　　110, 156

素因数分解　　　　　　　143

素数　　　3, 8, 35, 174, 232

素数の個性　　　　　　8, 87

素数の性質　　　　　　　48

素数を法とする合同式　　171

【た・な行】

体　　　　　　　　　　　50

代数　　　　　　　　37, 116

代数学の基本定理　　110, 121

代数的閉包　　　　　　　188

楕円曲線　　213, 223, 226, 229

互いに素　　　　　　145, 146

多項式の因数分解　　　　119

谷山・志村予想　　　　　229

チェックデジット　　　　159

直線　　　　　　　　67, 74

ディリクレの算術級数定理　224

点　　　　　　　　　　　67

等比数列の和の公式　　　141

二項係数　　　　　　　　199

二項定理　　　　　　　　199

【は・ま行】

バーチ゠スウィンナートン・ダイヤー
　予想　　　　　　　　　214

フェルマー素数　　　　　109

フェルマーの小定理　　53, 125,
　　　137, 139, 165, 199, 201

フェルマーの平方和定理　219

複素数　　　　　　　110, 184

複素数係数の多項式　117, 121

符号理論　　　　　　175, 211

負の数　　　　24, 60, 92, 107

ブロックデザイン　　　82, 85

平行　　　　　　　　　　69

平方根　　　　　　　　　92

平方剰余　　　　　　　　167

平方剰余の相互法則　　66, 99,
　109, 115, 167, 168, 169, 203, 205

平方剰余の相互法則の第1補充
　　法則　　　　　100, 109, 110, 217
平方剰余の相互法則の第2補充
　　法則　　　　　　　　110, 114
平方数　　　3, 87, 88, 92, 97, 101,
　　　　　　102, 109, 110, 114, 128,
　　　　　　166, 167, 194, 196, 203,
　　　　　　　　　　205, 216, 218
平方数の法則　　　　　　　　87
平面　　　　　　　　　　　　67
べき乗　　　　　　　　　　132
べき乗根　　　　　　　176, 211
保型形式　　　　　　　　　229
マジックナンバー　　　　　159
ミレニアム問題　　　　　　214
無限積　　　　226, 228, 229
無限和　　　　　226, 228
無理数　　　　　　　92, 184

【や・ら行】

約数倍数の関係　　　　　　210
有限個の数の世界の幾何学
　　　　　　　　　　　65, 67
有限体　　　　8, 50, 143, 170,
　　　　　　175, 198, 210, 214
有限体上の有理点　　　　　223
有限体の数　　　　　117, 171
有理数　　32, 50, 92, 183, 196
有理数係数の多項式　　　　117
有理点　　　　　　　　　　214
有理点の個数
　　　　　　214, 218, 219, 222
ラテン方陣　　　　　　70, 79
離散対数　　　　　　　　　143
立方数　　　　　　　　3, 116
列　　　　　　　　　　　　20

N.D.C.412   238p   18cm

ブルーバックス　B-2137

有限の中の無限
素数がつくる有限体のふしぎ

2020年5月20日　第1刷発行

著者	西来路文朗
	清水健一
発行者	渡瀬昌彦
発行所	株式会社講談社
	〒112-8001　東京都文京区音羽2-12-21
電話	出版　03-5395-3524
	販売　03-5395-4415
	業務　03-5395-3615
印刷所	(本文印刷) 株式会社新藤慶昌堂
	(カバー表紙印刷) 信毎書籍印刷株式会社
本文データ制作	藤原印刷株式会社
製本所	株式会社国宝社

ISBN978-4-06-519689-2

発刊のことば

科学をあなたのポケットに

二十世紀最大の特色は、それが科学時代であるということです。科学は日に日に進歩を続け、止まるところを知りません。ひと昔前の夢物語もどんどん現実化しており、今やわれわれの生活のすべてが、科学によってゆり動かされているといっても過言ではないでしょう。

そのような背景を考えれば、学者や学生はもちろん、産業人も、セールスマンも、ジャーナリストも、家庭の主婦も、みんなが科学を知らなければ、時代の流れに逆らうことになるでしょう。

ブルーバックス発刊の意義と必然性はそこにあります。このシリーズは、読む人に科学的に物を考える習慣と、科学的に物を見る目を養っていただくことを最大の目標にしています。そのためには、単に原理や法則の解説に終始するのではなくて、政治や経済など、社会科学や人文科学にも関連させて、広い視野から問題を追究していきます。科学はむずかしいという先入観を改める表現と構成、それも類書にないブルーバックスの特色であると信じます。

一九六三年九月

野間省一